依據七十五年度課程標準
工業職業學校工藝群適用

製圖與識圖

李寬和　編著

編輯大意

一、本書係依照民國七十五年二月教育部公布之工業職業
　　學校工藝群甲、乙類美工科之「製圖與識圖」教材綱
　　要及編輯原則編寫而成。

二、本書全一冊，適用於工業職業學校工藝群美工科第一
　　學年第一、二學期，每週四節教學之用。

三、本書的目標在於使學生能具備製圖與識圖的能力，並
　　且能養成迅速確實的工作習慣及敬業的工作態度。

四、本書圖中所列之尺寸，均以公制之公釐為單位。

五、本書之編輯以圖例為主，內文為輔，深入淺出，每章
　　之習題由淺而深，可供教師舉例說明及學生選擇練習
　　。

六、本書之教學順序可視課程性質及學生學習之情況，加
　　以靈活運用，比如字法部份，可以先上字法之原則及
　　要領，然後再作長時間的練習；正投影多視圖部份，
　　可視學生吸收的情形，加以分段教學。

目錄

1. 圖 學 概 説

1・1　定義與目的

　　當我們要描述一物體時，通常可用文字、語言，甚至加上身體的動作，來形容物體的一些特徵，但如果要對該物體的形狀、大小、材質、構造、製造方法等，作更詳細的描述時，恐怕只有 "圖" 才能辦到。如圖❶所示的物體，用照片總比用文字、語言來形容更爲眞確，但圖中的物體如果要大量生產時，光憑一張照片也無法製造，這時需要有另一種圖來說明該物體正確的形狀、大小、材質、及製造方法（圖❷），爲求這類的圖能像文字、語言一樣，普遍爲相關的人共同遵循，於是關於圖的一些原理、原則，就整理出一有系統的規範，稱之爲 "圖學"，換言之，圖學是一門世界性的圖畫語言，普遍的被使用在產業界、設計界，有關設計作品的大小、形狀、材質、裝配及製造方法等規定，都以圖畫的形式來描述，且能正確的傳達給包括製圖者、估價者、製造者、檢驗者、使用者及修護者等閱圖者。因此圖學不只是從事相關行業者，必備的技能，且也是一般消費大眾應具備的消費常識。圖學所規範的是關於圖的知識，學習圖學最終目的就是要能繪圖及看圖，也就是所謂的 "製圖" 與 "識圖"，爲達此一目的，必須熟悉繪圖的一些基本原理、原則，及關於圖的一些規定，靈活運用，能夠如此才算具備製圖與識圖的能力。

圖①

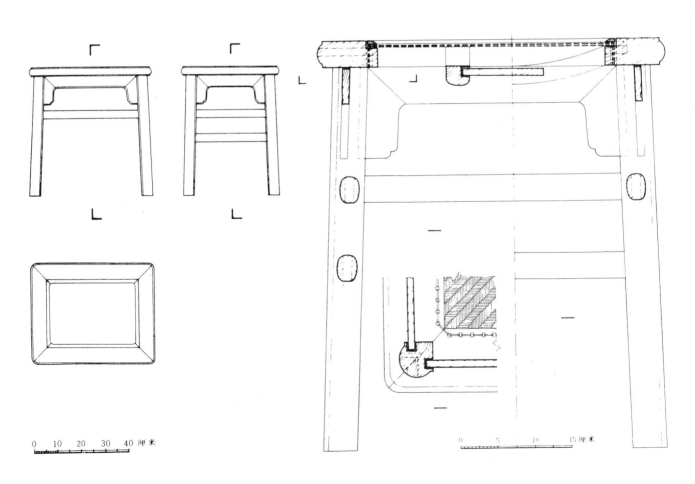

0　10　20　30　40 厘米

0　5　10　15 厘米

圖②

1‧2 製圖的分類

由於各行業在專業分工上有其專業上的需求，因此就衍生出許多專業性的製圖：

①機械製圖：指機械之零件、構造及製造之製圖。
②建築製圖：指房屋、建築物及施工有關之製圖。
③結構製圖：指橋樑、高架道路、鋼架結構等大型建築之工程結構之製圖。
④鈑金製圖：指通風管路，金屬薄板打造，併合構成物之製圖。
⑤造船製圖：指船舶結構或設備之製圖。
⑥電工製圖：指電器工業，線路設計之製圖。
⑦電子製圖：指電子工業之電路或機件之製圖。
⑧航空製圖：指航空器材或太空設備之製圖。
⑨測量製圖：指地形地物，土木建築之測量製圖。
⑩木工製圖：指木造屋宇、家具、木材製品之製圖。
⑪產品製圖：指工業設計、產品設計之製圖。
⑫美工製圖：指美術、工藝、室內設計之製圖。

在各行業的製圖裏，如果依其表達的內容來以區分，又可分為：

①零件圖：用以表示單一零件之資料。
②組合圖：用以表示零件組合時之關係位置。
③安裝圖：用以表示機件安裝時之關係位置。
④流程圖：用以表示製造加工之過程關係。
⑤符號圖：用以表示電工配線，化工管路等線路圖。
⑥輪廓圖：用以表示零件或機件整體之立體外形。
⑦線　圖：用以表示機械、鋼結構構件之圖。

如果依使用目的來區分，又可分為：

①設計圖：用以表示設計者構想之圖面。
②工作圖：用以表示製造時，所需之形狀、大小、材料加工製造方法等內容之圖面。
③說明圖：用以說明安裝、組合、動作原理、相對位置等事項之圖面。

雖然圖有那麼多的分類，但其所根據的原理、原則都大致相同，不管從事那一行，學習圖學一定要從基礎學起，能將基礎的製圖與識圖學好，則要再深入各行業的製圖就不難了。

1‧3　圖的標準化

圖學雖然是一門世界性的語言，但世界各國在有關圖的使用，都有一些規則，這些規則有的完全相同，有的則有少許的差別，各國所制定的規則就是該國的國家標準。德國的國家標準簡稱DIN，美國為ASA或ANSI，日本為JIS，國際標準協會訂定的標準，簡稱ISO。我國經濟部中央標準局，於民國33年6月6日公佈有關工程製圖的國家標準，編號為B－3。隨著時代的進步，於民國70年7月作第一次的修訂，最近因電腦繪圖興起及配合世界潮流，於民國78年6月10日又進行了第二次的修訂。工程圖是一種製造的基本資料，也是產品品質控制之主要依據，製圖的標準化及合理化，直接影響一國的工業發展，因此使用標準化的製圖，可說是學習圖學者的責任。

1.4 習 題

1. 試說明圖學的意義與目的？
2. 依行業分類製圖可爲那幾大類？
3. 依圖的內容，製圖可分爲那幾類？
4. 依使用目的的不同，製圖可分爲那幾類？
5. 試寫出下列各國國家標準之簡稱。
   (a)中華民國
   (b)德國
   (c)美國
   (d)日本
   (e)國際標準協會

2. 製圖用具與用法

2・1 前言

「工欲善其事，必先利其器」，選擇好的用具，知道正確的使用方法，再加上經常的練習，是學好製圖的先決條件。

2・2 製圖用具的種類與用法

製圖用具種類、品牌繁多，要選擇一套品質精良價錢合理的儀器實在不容易，而要完全瞭解用法更是重要，將常用的用具及用法分述如下：

①製圖板：製圖板通常以質硬、紋細之木板製成，板面應平整無節疤，需經乾燥處理以免因濕度變化而變形，使用時應保持板面清潔，切忌刀割、刮傷、膠水，並應防受潮及直接日晒。另有一種攜帶用之小圖板，附有尺，方便外出攜帶。（圖❶）

②製圖墊：可分一般圖墊及磁性墊，兩者皆軟硬適度，方便製圖；磁性墊因有磁性，可配合薄鐵片固定圖紙。（圖❷）

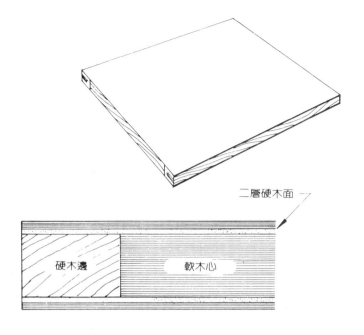

二層硬木面

硬木邊　　軟木心

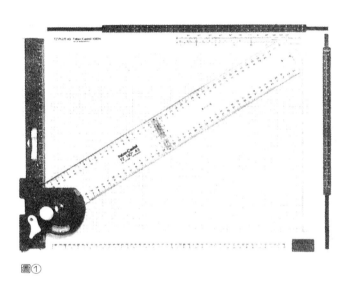

圖①

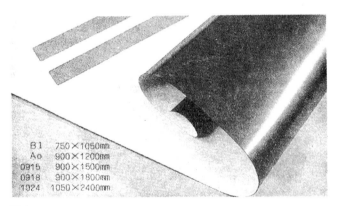

B1	750×1050mm
Ao	900×1200mm
0915	900×1500mm
0918	900×1800mm
1024	1050×2400mm

圖②

③製圖架：可分一般鋼製製圖架及油壓或氣壓式製圖架，製圖架對於傾斜角度及板面高低之調整非常方便，油壓或氣壓式製圖架更是方便省力，但錢價稍貴，適合專業設計室使用。（圖❸）

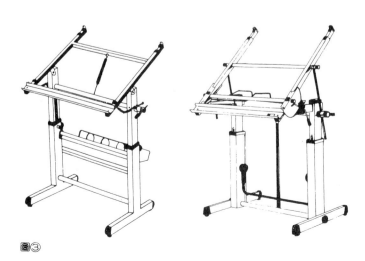

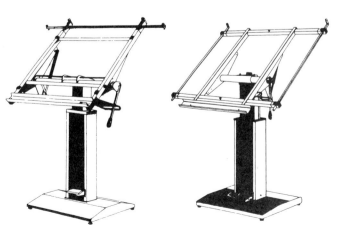

圖③

④鉛筆：可分一般刀削鉛筆、自動鉛筆及工程筆（圖❹）
筆蕊之軟硬分18級，由最軟7Ｂ、6Ｂ、5Ｂ、4Ｂ、3
Ｂ至2Ｂ爲軟級，再由Ｂ、ＨＢ、Ｆ、Ｈ、2Ｈ至3Ｈ爲
中級，其餘4Ｈ、5Ｈ、6Ｈ、8Ｈ、9Ｈ爲硬級。一般
製圖起稿用2Ｈ或3Ｈ，而以Ｈ、ＨＢ或Ｆ完成正稿；刀
削鉛筆木材部份應削成圓錐形，筆心露出約10mm，然後磨
尖使用（圖❺），劃長線時，應同時轉動筆桿，可使線條
均勻精細，製圖時同性質之線條濃淡、粗細應一致。

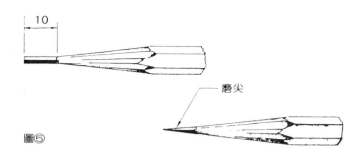

圖⑥

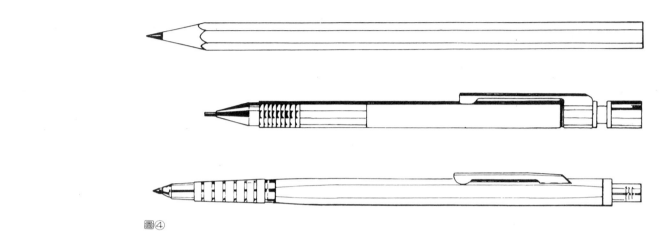

圖❹

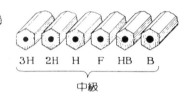

9H 8H 7H 6H 5H 4H

硬級

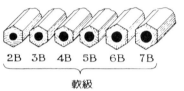

3H 2H H F HB B

中級

2B 3B 4B 5B 6B 7B

軟級

⑤磨蕊器：用於工程筆之磨尖筆蕊。（圖❻）

圖⑥

⑥橡皮：可分一般橡皮及電動橡皮。（圖❼）

圖⑦

⑦消字板：消字板爲一不銹鋼片或塑膠薄片，上有挖空之
幾何形，用以乾淨的擦去圖面不要的部份。（圖❽）

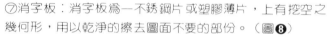

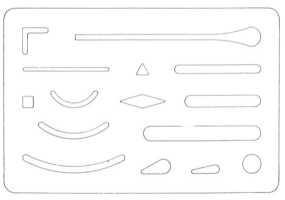

圖⑧

電動橡皮

⑧毛刷：用來清除圖面上的橡皮屑或灰塵。（圖❾）

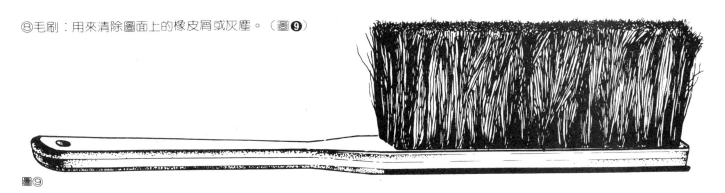

圖❾

⑨丁字尺：由尺頭、尺身丁字構成之尺，使用時緊靠圖板
邊緣，移動畫線。（圖❿）

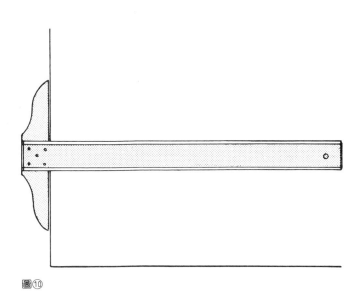

圖❿

(1)滑動至所需位置

(2)精細調整

(3)按住丁字尺在位置上

⑩平行尺：為一木製、鋁製或壓克力製之長尺，配有滑輪
及鋼索，可在圖板上下平行移動。（圖⓫）

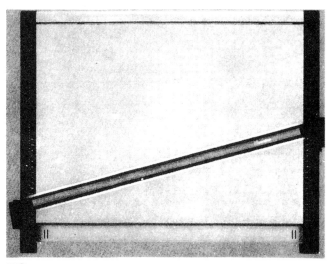

圖⓫

⑪繪圖儀：可分懸臂式（圖⑫）及軌道式（圖⑬），爲平
行尺、三角板、量角器組合功能之繪圖儀器，使用方便，
繪圖迅速、精確，是較進步之繪圖設備。

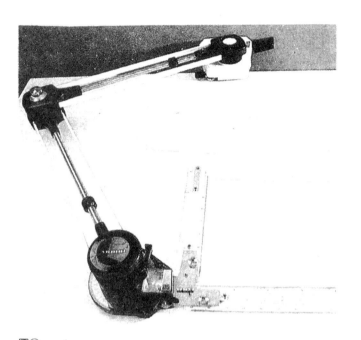

圖⑫

⑫三角板：由一支45°直角三角形及一支30°60°直角三角
形構成一組（圖⑭），好的三角板應質料透明、刻度精確
，刻劃清悉，而且最好尺邊有斜槽（圖⑮），以免上墨線
時尺邊緊壓紙面而污染圖面。二支三角板可組合出間隔15°
之斜線（圖⑯）

圖⑬

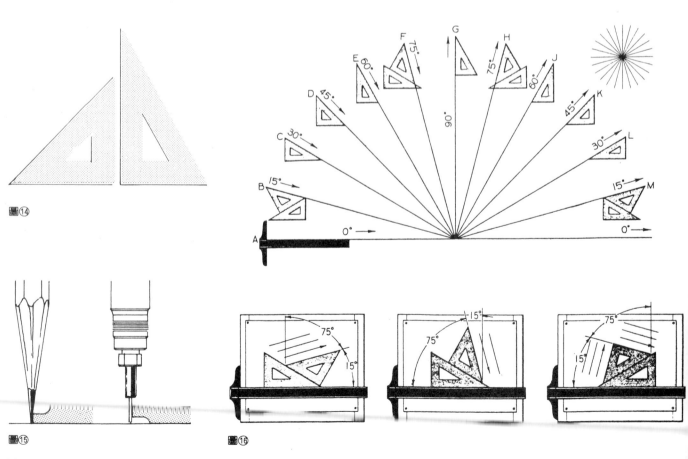

圖⑭

圖⑮　　圖⑯

14

⑬勾配定規：為一可調整角度之三角板。（圖⑰）

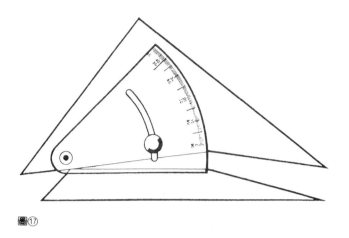

圖⑰

⑭雲形定規：為大小不一，形態各異的曲線板樣。（圖⑱）可用以繪製小曲線。（圖⑲）

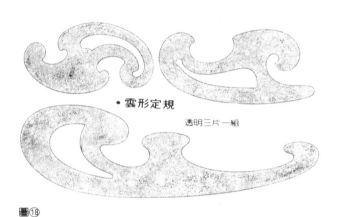

•雲形定規

透明三片一組

圖⑱

⑮曲線尺：為一橡膠內包鉛條可任意彎曲之長尺（圖⑳）用以繪製較長之不規則曲線。

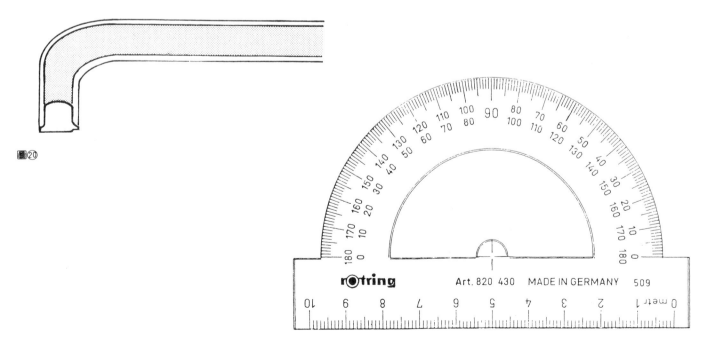

圖⑳

⑯比例尺：用於圖紙無法以實物大小繪製時，放大、縮小圖面量取尺寸之用。（圖㉑）

圖㉑

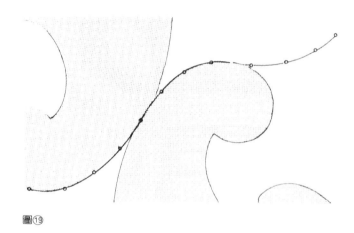

圖⑲

⑰量角器：為一半圓之膠片，上有角度標示，為量取角度之用（圖㉒）使用時底邊水平線應與圖面之邊線重合。

rotring   Art. 820 430   MADE IN GERMANY   509

0 metr1   2   3   4   5   6   7   8   9   10

圖㉒

⑱各類定規：為便利畫常用之圖形，有圓定規、橢圓定規
、傢俱板及各專業用之符號板等（圖❷），選用時應注意
其比例。

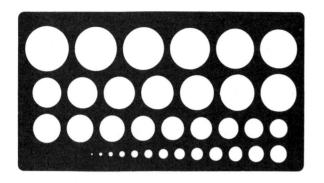
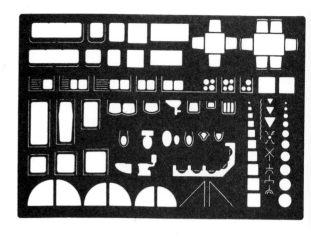

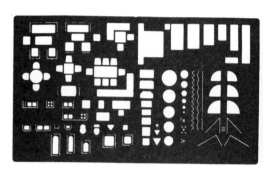
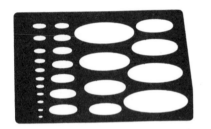
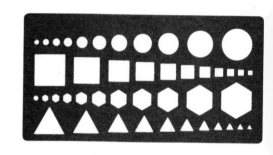

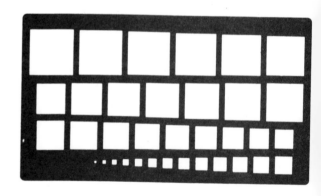

圖❷

⑲字規：有數字、英文字之描字用定規（圖㉕），使用字規可使字體、大小一致，使用時應配合圖面大小。

圖㉕

⑳圓規：有大圓規、小圓規及極小圓規（圖㉖），使用圓規畫圓應先調整針腳，使針腳略長於鉛筆或針筆，然後調整兩腳取得所需之半徑，以右手持圓規柄以左手小指尖抵針腳，使之對準圓心點（圖㉗）輕插入紙內，再以右手執柄之頭部，順時鐘方向旋轉，圓規與紙面約成75°，於紙上畫出線條。（圖㉘）

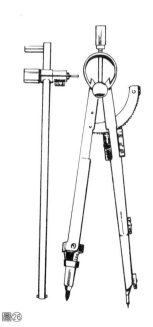
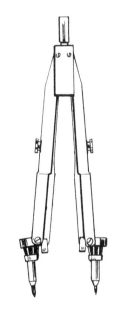

圖㉖

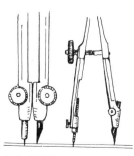

針腳略長於鉛筆

圖㉗

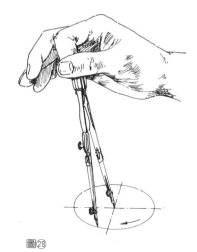

圖㉘

㉑分規：構造與圓規相似，但兩腳皆為針腳，用以量取長度、等分線段，或取連續等線段。（圖㉙）

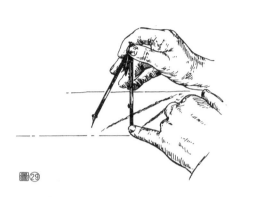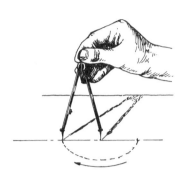

圖㉙

㉒鴨嘴筆：為形似鴨嘴之上墨用填墨水筆（圖㉚），由兩葉片組成筆尖；最佳筆尖為橢圓形，太尖、太鈍（圖㉛）都不理想。加墨水時應以塑膠片、竹片或紙片，沾墨水於葉片間，不可將筆直接插入墨水瓶中沾墨，筆內墨水不可太多，以防墨水滴下污染圖面。畫線時，葉片調整螺絲在外，筆尖與紙垂直，並略向前進方向傾斜（圖㉜）。

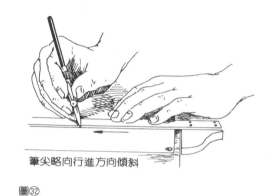

筆尖略向行進方向傾斜

圖㉜

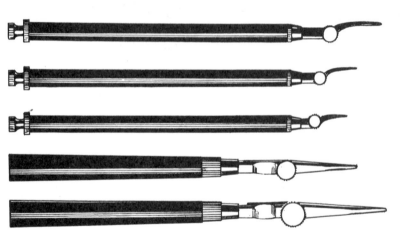

圖㉚

圖㉛　　正確之鴨嘴筆形態　　　　太尖　　　　　　　太鈍　　　　　磨損

㉓針筆：較鴨嘴筆方便之畫墨線筆。規格自0.1～2.0mm（圖㉟），使用時，運筆力量要均勻，不可太重刮破圖紙，速度不可太快以免斷水、破線，執筆應儘量與紙面垂直，並向運筆方向微傾，使用針筆應注意以下幾點：1.避免代替一般硬筆來寫字。2.避免掉落、碰撞。3.避免隨意拆開筆針。4.墨水應保持 ½以上，以免墨水管空氣壓力造成漏水。5.不用時須旋緊筆帽以防乾涸。6.常畫是保養針筆最好的方法。

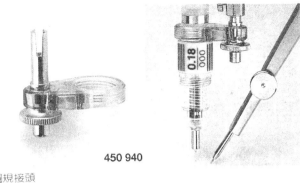

450 940

圓規接頭

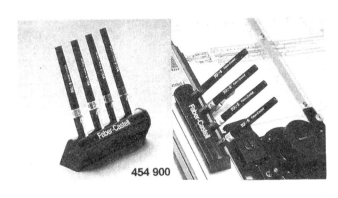

454 900

● ISO國際
　標準規格

0.13	0.13 4×0
0.18	0.18 000
0.25	0.25 00
0.35	0.35 0
0.50	0.50 2
0.70	0.70 2½
1.00	1.00 4
1.40	1.40 6
2.00	2.00 7

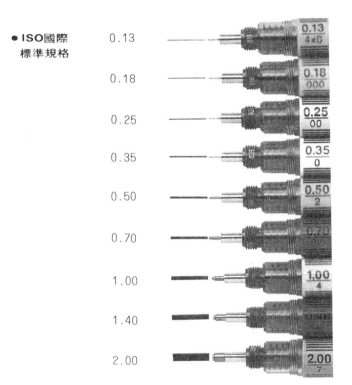

● 一般規格

0.10	0.10 5×0
0.20	0.20 2×0
0.30	0.30 1×0
0.40	0.40 1
0.50	0.50 2
0.60	0.60 2¼
0.80	0.80 3
1.00	1.00 4
1.20	1.20 5

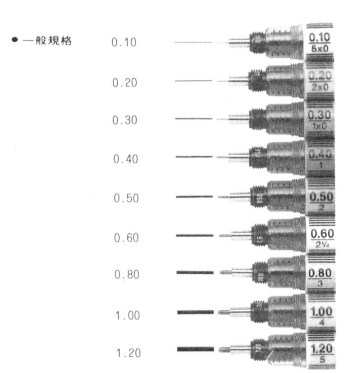

圖㉟

19

㉔製圖用紙：有一般卡紙、描圖紙、描圖膠片，其規格照CNS 3 B 1001（或DIN476） 之規定，採A系圖紙，最大規格為 Ao ，長與寬之比值為$\sqrt{2}$，面積為1m²之平行四邊形。以此比例，Ao拆一半為 A₁，依此類推可得A系之整套圖紙（圖㊱），其規格如圖㊲，必要時可連接 Ao 為2 Ao 或4 Ao 。

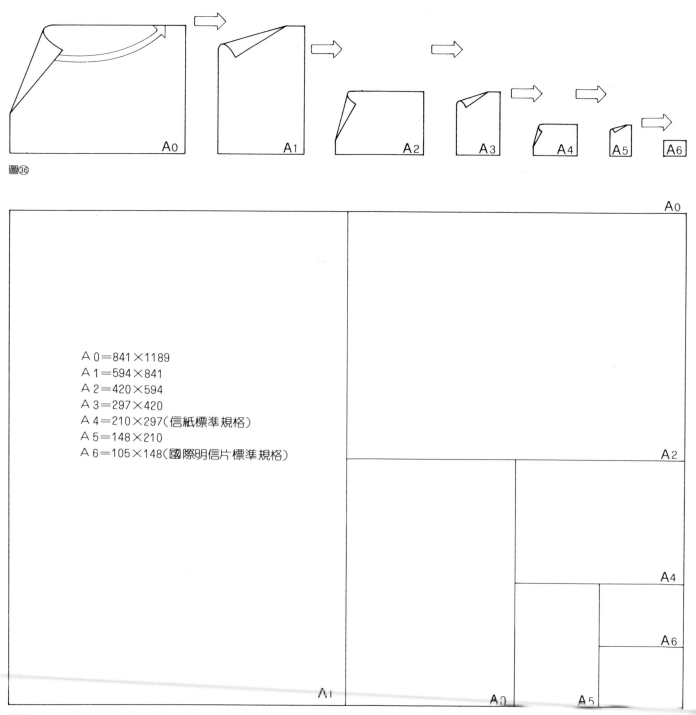

圖㊱

A 0＝841×1189
A 1＝594×841
A 2＝420×594
A 3＝297×420
A 4＝210×297（信紙標準規格）
A 5＝148×210
A 6＝105×148（國際明信片標準規格）

圖㊲

2·3 使用儀器應注意事項

①不可在圖板上削鉛筆。
②不可置墨水瓶於圖板上。
③不可在圖紙上加墨水。
④儀器、尺、三角板等用具使用前應擦拭乾淨。
⑤不可用比例尺作爲畫線之規尺。
⑥不可用丁字尺、平行尺、三角板或繪圖儀上直尺之邊爲切紙之導邊。
⑦不可在圖板上割紙。
⑧不可用鈍頭鉛筆畫圖。
⑨不可以圓規或分規之針脚來釘孔。

※
標題欄中包括以下事項：
①圖名
②圖號
③機構名稱
④設計、繪圖、描圖、校核、審定等人員姓名及日期
⑤投影法（第一角法或第三角法）
⑥比例
⑦材料
以上各項排列舉例如圖❸

2·4 製圖程序

①檢視用具：檢察各需用之用具是否乾淨、精確。
②安置圖紙：使圖紙之一邊與丁字尺、平行尺或繪圖儀之尺邊對齊，固定圖紙。
③畫出圖框及標題欄。（圖❸）（學生之作業，標題欄可由教師自行設計，統一規定）
④佈圖：考量圖之大小比例，使圖能均勻分佈圖面，而不致過於擁擠或過於疏遠。
⑤起稿：以2H或3H輕淡畫出視圖位置，並注意圖的比例、尺寸、細節是否正確。
⑥正稿：根據正確之草稿，正式畫線，或上墨線，要能分出線條種類，完成圖的內容。
⑦整修：再檢查正稿，有無錯誤，不必要之線條要擦去，圖面保持乾淨。
⑧標註：最後填寫標題欄，比例、圖號、圖稱、日期等詳細資料，字體力求工整。
⑨晒圖：晒圖前應再度檢查，圖面有無錯誤、遺漏，並注意描圖紙之正反面。
⑩歸檔：晒圖後之正稿，應妥善保存至工程完成，並詳編檔號，方便調閱。

A系圖紙		A0	A1	A2	A3	A4	A5
圖框	CNS a	15	15	15	15	15	15
	CNS b	25	25	25	25	25	25
	DIN a	5	5	5	5	5	5
	DIN b	20	20	20	20	20	20
標題欄	CNS cxe			55×175			18×175
	DIN cxe			55×185			

圖❸

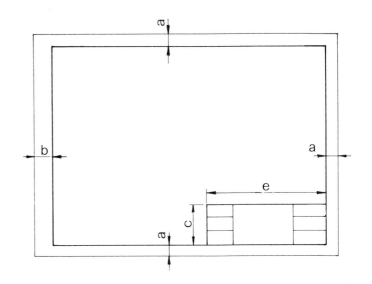

	日期	姓名	
設計			（機構名稱）
繪圖			
描圖			
校核			
審定			
比例			
			（圖名） （圖號）

圖❸

2·5 習題

1. 利用製圖用具，依圖中大小畫出下列各圖

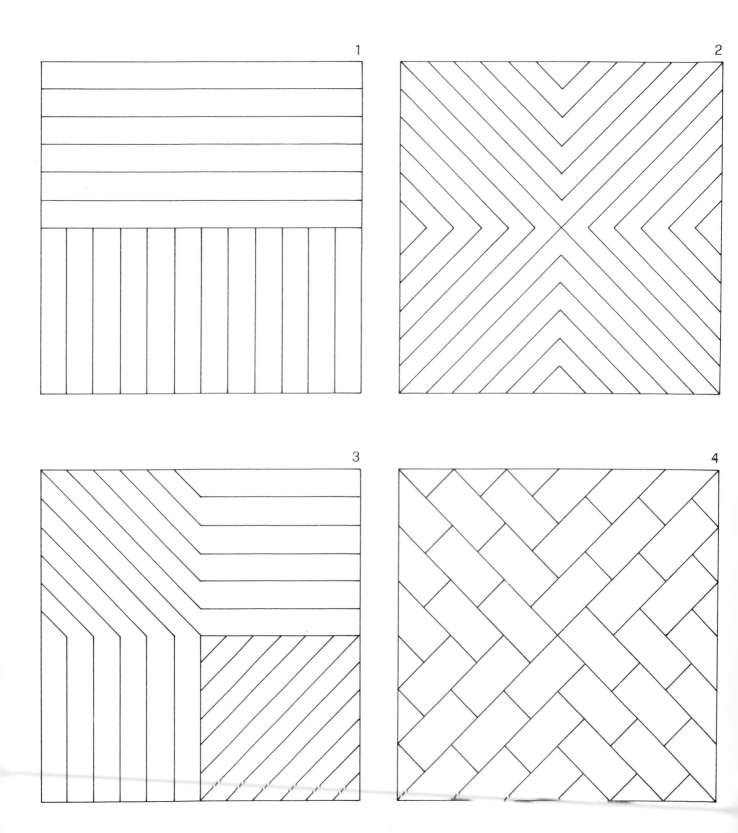

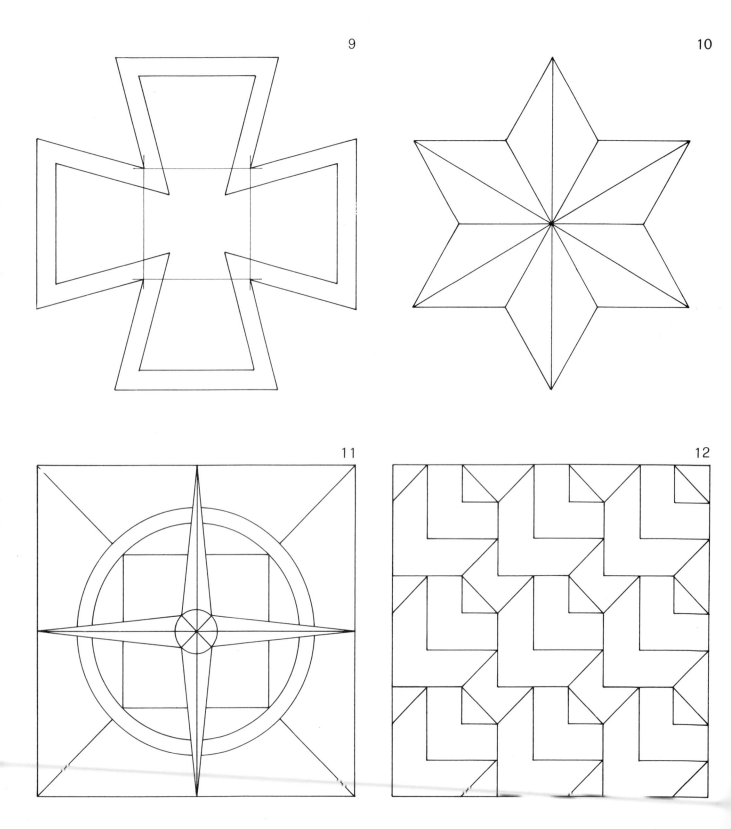

9

10

11

12

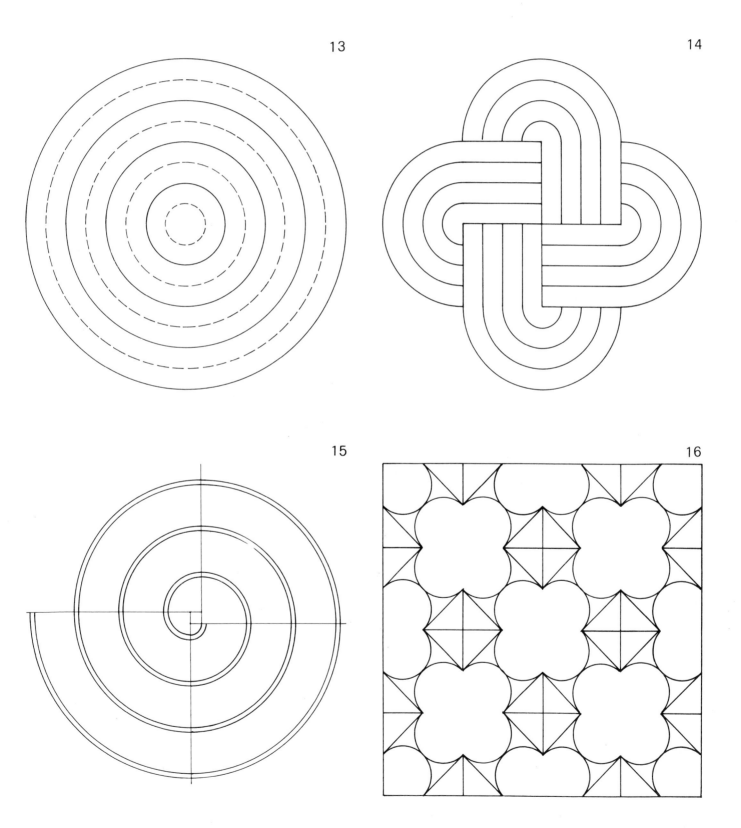

13

14

15

16

3. 線 法

3・1 線的規格

　　線條在同一圖面裏可分為粗線、中線、細線三種規格
，同性質的線條必須等寬，通常線的規格依圖的大小有一
定的配組，如圖❶。

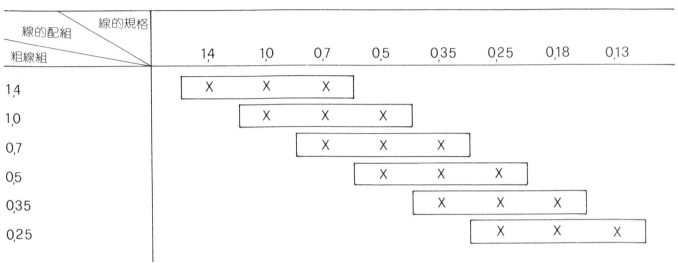

線的配組　線的規格	1,4	1,0	0,7	0,5	0,35	0,25	0,18	0,13
粗線組								
1,4	X	X	X					
1,0		X	X	X				
0,7			X	X	X			
0,5				X	X	X		
0,35					X	X	X	
0,25						X	X	X

圖① 線的配組

3・2 線的種類與用途

　　線的種類與用途如圖❷所示，每種線條都各有其特徵
與用途，必須依照規定畫出，線之實際用法如圖❸。

種類		形　式	粗　細	畫　法	用　　途
實線	A	————————	粗	連續線	可見輪廓線、圖框線。
	B	————————	細	連續線	尺寸線、尺度界線、指線、剖面線
	C	〜〜〜〜〜〜	細	不規則徒手連續線	折斷線、斷裂線
	D	─/\─/\─	細	角度約30℃角頂間距約5mm	長折線
虛線	E	— — — — —	中	每段約3mm間隔約1mm	隱藏線、
鏈線	F	—·—·—·—	細	每長劃約20mm中間一點距約1mm	中心線、假想線
	G	—·—·—·—	粗	同上	需特殊處理物面之範圍
	H	—·—┐┌─·—	粗細	（見8.1）	割面線

圖② 線的種類與用途

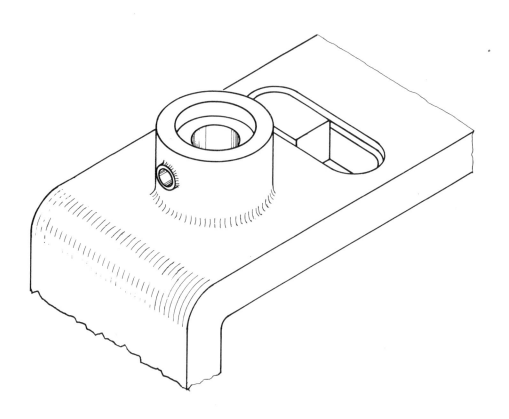

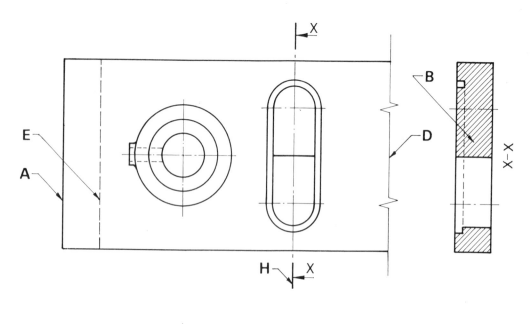

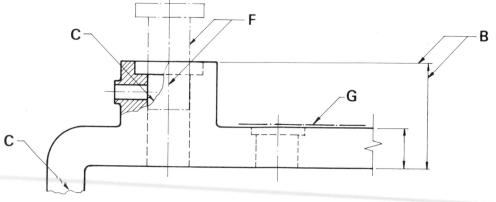

圖③ 線的實際用法

3・3 虛線的起訖與交接

在正投影圖裏，虛線的情況有很多種，其起訖與交接
的畫法如下：

正	誤	實 例	正	誤	實 例
①虛線與虛線或實成 T 型相交，其起點應相接觸。			⑤虛線如為實線之延長時，在虛線的起點須留出空隙約 1 mm。		
②虛線跨越虛線要留空隙，較近的穿越較遠的之空隙。			⑥圓弧之虛線與直線相連，虛線之起訖點應在切點上。		
③實線跨越虛線，應在空隙處通過。			正 誤		
④虛線與虛線成交角，其頂點應接合。			⑦平行虛線相距甚近時，兩虛線之間隙應錯開，若中間夾有中心線，則應對齊。		

3・4 線的優先次序

　　在視圖裏，常有不同性質的線條疊合在一起，為求圖面之清晰，須將線條作一取捨，依其重要性第一優先為實線，再依次為虛線、中心線、割面線、折線、尺寸線、延伸線，最後為剖面線。

3・5 線的上墨

　　如須上墨之製圖，鉛筆稿應儘量輕、淡，以鴨嘴筆或針筆上墨線，應注意墨線之中心要與鉛筆線之中心重合，線與線之接點應求完整，不可留空隙或太粗，同性質的線條粗細、濃度要一致（圖❺）。

上墨之次序：

1. 實線圓，自最小者起；再畫弧。
2. 虛線圓，次序同上。
3. 不規則曲線之實線；再畫虛線。
4. 實直線，其次序為：水平、垂直、傾斜。
5. 虛直線，次序同上。
6. 中心線。
7. 延長線及尺寸線。
8. 箭頭及尺寸。
9. 剖面線。

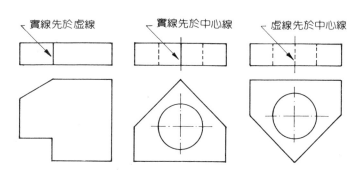

圖④ 線的優先次序

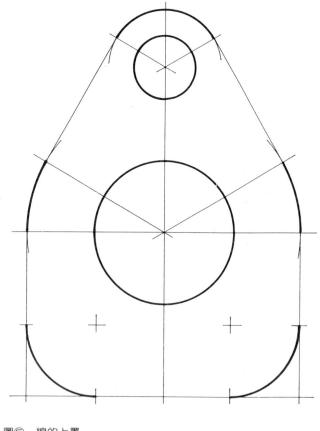

圖⑤ 線的上墨

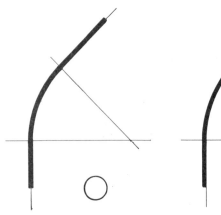
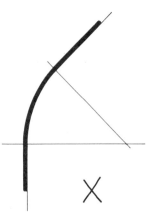

墨線之中心應與鉛筆線重合

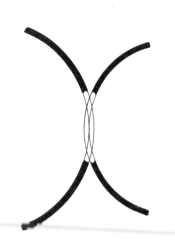
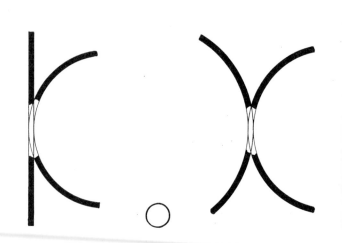

3·6 習 題

1. 以各種線的畫法完成下列各圖。

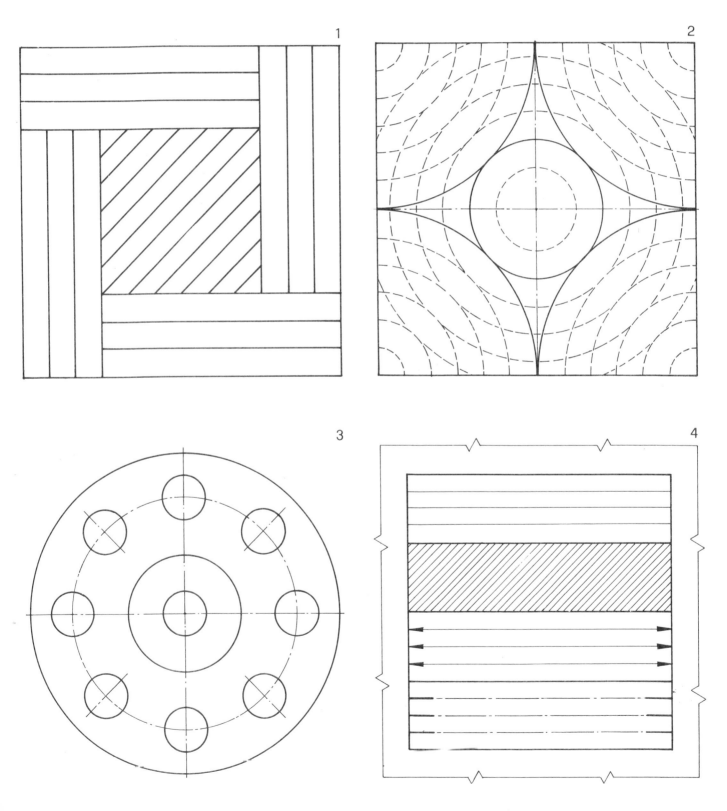

4．字　　法

4‧1　字的規格

　　一完整的製圖，除了要有正確美觀的圖形外，圖裏有關之尺度數字、註解文字，也須注意。圖面的文字書寫一律由左而右橫寫，字體大小應配合圖紙之大小。（圖❶），在製圖裏所用的字體，通稱為工程字。

應用	圖紙大小	最小字高		
		中文	英文	數字
標題 圖號 件號	A0,A1,A2,A3	7	7	7
	A4,A5	5	5	5
尺度 註解	A0	5	3.5	3.5
	A1,A2,A3,A4 A5	3.5	2.5	2.5

圖①

4‧2　中文工程字

　　中文工程字依照CNS的規定採用每一筆粗細一致的等線體。其字體通常以細黑體為骨架來練習；字形比例可分方形字、長形字及平體字等（圖❷），在同一圖上，只能選擇一種字體。工程字的要求只要筆劃清楚，骨架均勻、工整即可。

圖學是一門世界性的圖畫語言普遍的被使用在產業界設計界有關設計作品的大小形狀材質裝配及製造方法等規定都以圖畫的形式來描述且能正確的傳達給包括製圖者估價者製造者檢驗者使用者及修護者等閱圖者因此圖學不只是從事相關行業者必備的技能且也是一般消費大眾應具備的消費常識。

圖② 平體字

圖學是一門世界性的圖畫語言普遍的被使用在產業界設計界有關設計作品的大小形狀材質裝配及製造方法等規定都以圖畫的形式來描述且能正確的傳達給包括製圖者估價者製造者檢驗者使用者及修護者等閱圖者因此圖學不只是從事相關行業必備的技能且也是一般消費大眾應具備的消費常識。

方形字

圖學是一門世界性的圖畫語言普遍的被使用在產業界設計界有關設計作品的大小形狀材質裝配及製造方法等規定都以圖畫的形式來描述且能正確的傳達給包括製圖者估價者製造者檢驗者使用者及修護者等閱圖者因此圖學不只是從事相關行業者必備的技能且也是一般消費大眾應具備的消費常識。

長形字

4·3 字的視覺修正

由於人的視覺會有錯覺的現象，如果文字的書寫不懂得視覺修正的要領的話，往往同樣格子寫出來的字，看起來就會有大有小，或者不平衡等現象，爲克服此一缺點，將中文字視覺修正的要領簡略歸納如下：

●文字的各體大小之調整

中文字體各字有各字獨有的字形；字形不同，則字的大小當然不同。如圖a 所示，每字的外框大小相同，但口看起來特別大，◇看起來特別小，「三」則呈長狀……，這種視覺上的錯覺，只要改變一些字與框的關係，即可改善了，如圖b 所示，每一字看起來都均勻一致。

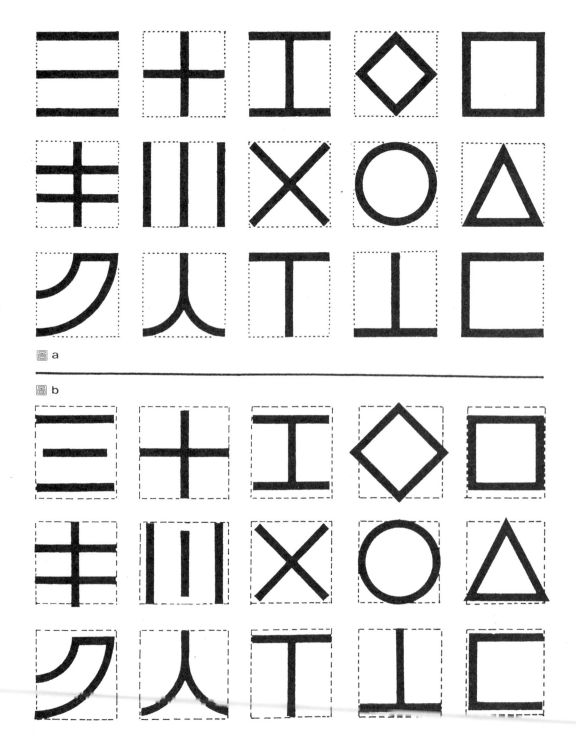

圖a

圖b

●字形的空間調整

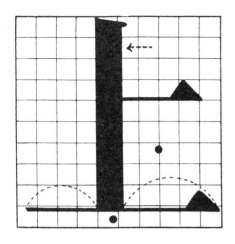

上：下方長橫劃應上移，左段應短些
，右段應長些；中間短橫劃下方空間
應留大些。

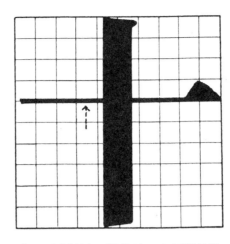

十：垂直線被二等分時，應將等分點
往上提高，以求平衡。

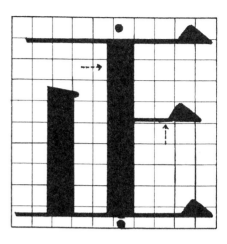

正：上下兩橫劃應內移，以免過高；
中間橫劃應上移；垂直有兩劃，所以
中間直劃應右移些以求平衡。

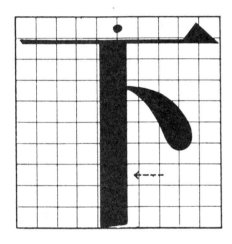

下：倒三角形的字，重心在上方，橫
劃應下移；左邊太空，直劃也應左移
。

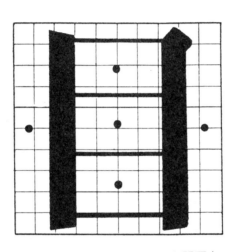

目：瘦長形的字，左右兩邊空間要大
些；裏面三段空間，下面最大，中間
次之，上面最小。

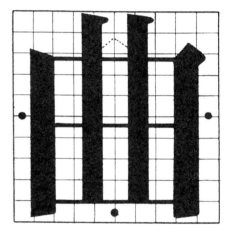

曲：左右及下方應留空間，裏面垂直
的三段空間，中間應小一些。

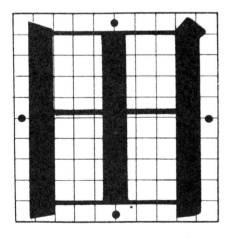

田：正四方形的字，有擴大的感覺，
所以四周要內縮。

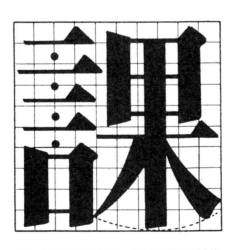

課：橫劃較多的字，應注意橫劃間的
空間要平均。

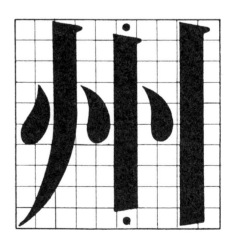

州：三條直劃的字，中間筆劃要短些

4·4 拉丁字母

　　在製圖所用的拉丁字母，有直體與斜體兩種（圖❸）
，可配合中文工程字使用，同一圖面只能使用一種，不可
混用。斜體約傾斜 75° 左右，筆劃粗細約爲字高的 $\frac{1}{10}$，行
間約爲字高的 $\frac{2}{3}$。拉丁字母在書寫時，應注意其字的大、
小，及字母本身的平衡。

直體

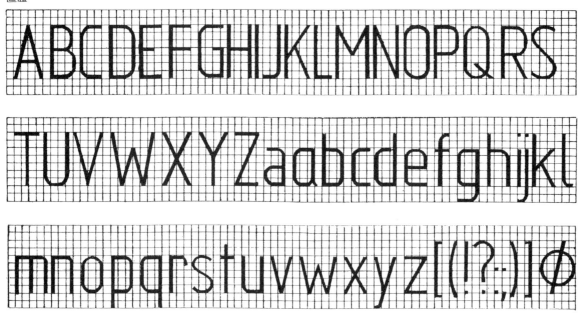

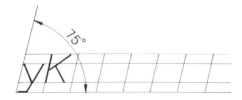

斜體

圖❸

4・5 阿拉伯數字

　　阿拉伯數字在製圖裏使用的機會很多，比如用在標註尺寸、標註角度、及註解等；其字體和拉丁字母一樣可分直體與斜體兩種（圖❹），練習時亦應注意其筆劃的順序及平衡。

直體

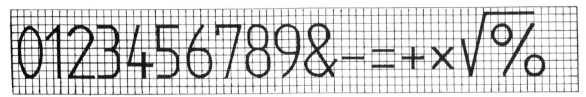

斜體

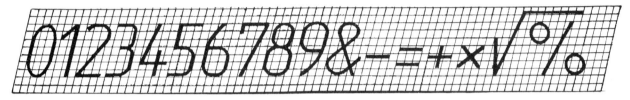

圖④

4・6 習 題

1. 依課文所示，拉丁字母及阿拉伯數之筆劃順序，自畫字高線，練習之。

2. 將本頁剪下，影印多張，練習中文工程字（內
   容由教師指定）

5. 幾何圖法

5 · 1 幾何圖形

製圖所要表達者爲物體的形態,而一般物體之形態大都可由幾何圖形所構成(圖❶),所以學習製圖必須熟悉各種幾何圖形之畫法。本章僅分述常用的幾何圖形畫法,而不注重其原理之說明。

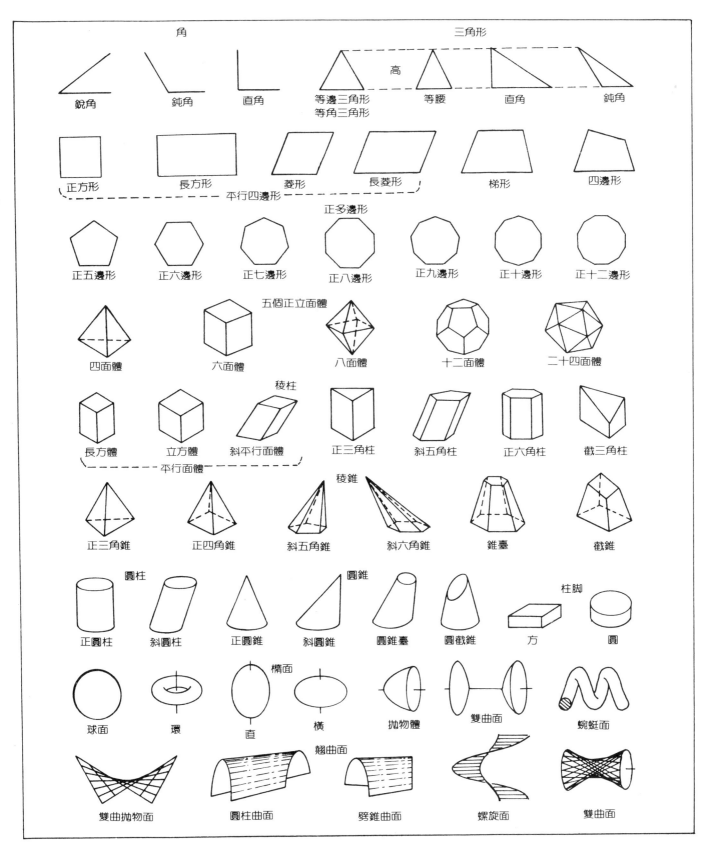

角　　　　　　　　　　　　　三角形

銳角　　鈍角　　直角　　等邊三角形 等角三角形　　等腰　　直角　　鈍角　　高

正方形　　長方形　　菱形　　長菱形　　梯形　　四邊形
平行四邊形

正多邊形

正五邊形　　正六邊形　　正七邊形　　正八邊形　　正九邊形　　正十邊形　　正十二邊形

五個正立面體

四面體　　六面體　　八面體　　十二面體　　二十四面體

稜柱

長方體　　立方體　　斜平行面體　　正三角柱　　斜五角柱　　正六角柱　　截三角柱
平行面體

稜錐

正三角錐　　正四角錐　　斜五角錐　　斜六角錐　　錐臺　　截錐

圓柱　　　　　　　　圓錐　　　　　　　　　　　　　柱脚

正圓柱　　斜圓柱　　正圓錐　　斜圓錐　　圓錐臺　　圓截錐　　方　　圓

橢面

球面　　環　　直　　橫　　拋物體　　雙曲面　　蜿蜓面

翹曲面

雙曲拋物面　　圓柱曲面　　劈錐曲面　　螺旋面　　雙曲面

圖❶

5・2　線或圓弧之平分

已知直線或圓弧ＡＢ，欲將其平分，方法如下：

①以Ａ及Ｂ爲圓心，大於½ＡＢ爲半徑，畫兩弧相交於Ｃ及Ｄ點，連接ＣＤ，即爲所求（圖❷）。

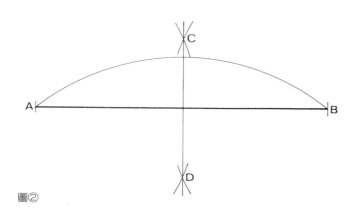

圖②

②以45°三角板之兩斜邊，過Ａ及Ｂ作45°斜線，交於Ｃ，由Ｃ作ＡＢ垂線，即爲所求（圖❸）。

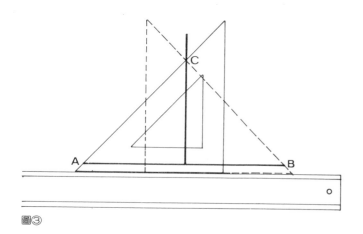

圖③

③用分規作試分，即可平分ＡＢ於Ｃ（圖❹）。

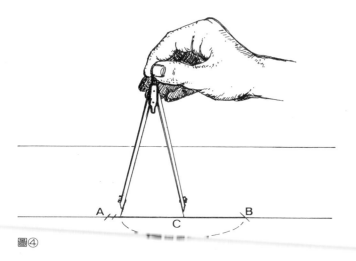

圖④

5・3　垂　線

①過直線外Ａ點作垂線：以Ａ爲圓心畫弧，交直線於ＢＣ兩點，作ＢＣ之垂直平分線，即爲所求（圖❺）。

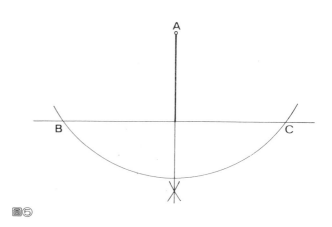

圖⑤

②過直線上Ａ點作垂線：以兩支三角板配合，如圖❻，即可求出。

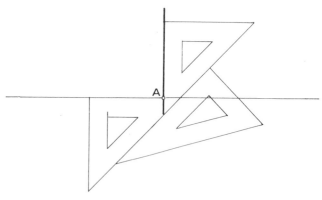

圖⑥

③過直線上Ａ點作垂線：以Ａ爲圓心，任意長爲半徑畫弧，交直線於Ｂ點，再以Ｂ爲圓心，原半徑畫弧交第一弧於Ｃ，連接ＢＣ，使ＢＣ＝ＣＥ，連接ＡＥ即爲所求（圖❼）。

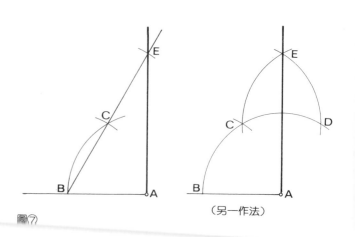

圖⑦　　　　　　　　　（另一作法）

5・4　直線之任意等分

已知直線ＡＢ，假設欲七等分ＡＢ，則先由Ａ點畫一直線
ＡＣ。以任意長Ａ１，由Ａ點起在ＡＣ上取七等分點，將
點７與Ｂ連接，再分別過其餘等分點作Ｂ７之平行線，即
可在ＡＢ上求得等分點（圖❽）。

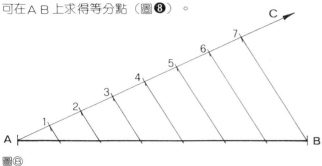

圖❽

5・5　角度等分

①二等分已知角：以頂點Ａ為圓心，任意半徑畫弧，和已
知角的兩邊，各交於Ｂ、Ｃ上。以大於½ＢＣ為半徑，Ｂ
與Ｃ分別為圓心，畫弧交於Ｄ點，則ＡＤ即為角之二等分
線（圖❾）。

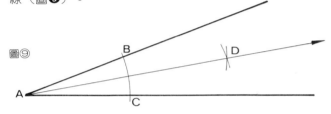

圖❾

②平分交點不明的兩直線所成之角：以任意距離ａ畫與直
線Ｌ₁及Ｌ₂的平行線相交於一點，再以圖❾的方法，求此
角的平分線（圖❿）。

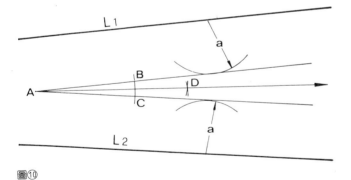

圖❿

5・6　正多邊形

①正三角形：已知一邊為ＡＢ，分別以Ａ及Ｂ為圓心，Ａ
Ｂ為半徑，畫弧交於Ｃ，連接ＡＣ及ＢＣ，即為所求（圖
⓫）。

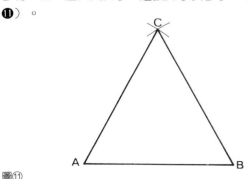

圖⓫

②正方形：已知一邊為ＡＢ，過Ａ點畫ＡＢ之垂線。以Ａ
為圓心，ＡＢ為半徑，畫弧與垂線交於Ｃ。再以Ｂ及Ｃ為
圓心，ＡＢ為半徑，畫兩弧交於Ｄ，連接ＣＤ及ＢＤ，即
為所求之正方形（圖⓬）。

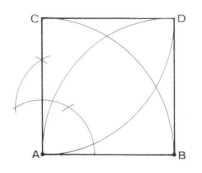

圖⓬

③作已知圓內接五邊形：已知圓Ｍ，作一半徑ＣＭ垂直直
徑ＡＢ，平分ＭＢ於Ｄ。以Ｄ為圓心，ＤＣ為半徑作ＣＥ
弧，則ＣＥ為五邊形之一邊（圖⓭）。

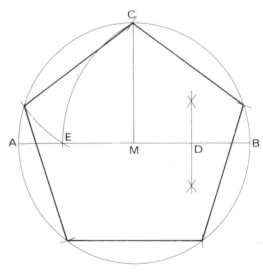

圖⓭

④已知邊求正五邊形：已知邊ＡＢ，作ＡＢ垂直平分線Ｃ
Ｄ。以Ｂ為圓心ＡＢ為半徑，畫弧ＡＥ與Ｂ之垂線相交於
Ｆ。以Ｃ為圓心，ＣＦ為半徑，畫弧交ＡＢ延長線上Ｇ。
再以Ａ為圓心，ＡＧ為半徑畫弧，交ＡＥ弧與ＣＤ線於Ｅ
，Ｄ點。連接ＢＥ，ＥＤ即可求出正五邊形之另二邊（圖
⓮）。

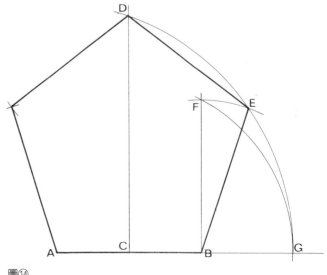

圖⓮

⑤已知圓作內接正多邊形：已知圓M，作內接正七邊形（可任意多邊），將直徑ＡＢ作七等分，分別以Ａ與Ｂ爲圓心，ＡＢ爲半徑，畫弧相交於Ｃ點。由Ｃ點通過第２等分點，與圓交於Ｄ，則ＢＤ即爲正七邊形之一邊（圖⑮）。

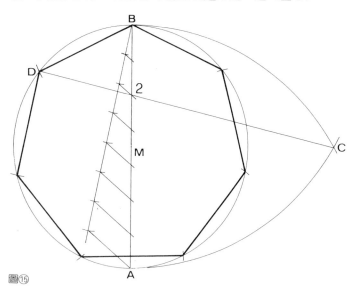

圖⑮

⑥已知邊ＡＢ作正七邊形（可作任意多邊形）：以Ａ爲圓心，ＡＢ爲半徑畫弧，交ＡＢ延長線上Ｃ。將ＣＢ弧作七等分。由Ａ點連接第２等分點，則Ａ２即爲正七邊形之第二邊（圖⑯）。

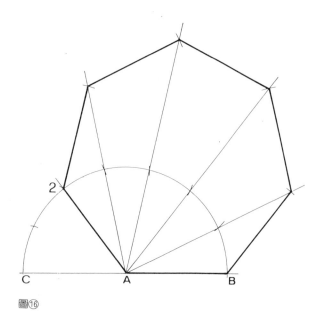

圖⑯

5・7 橢 圓

橢圓爲移動點所形成之平面曲線，此動點與兩定點（焦點），間距離之和爲一常數，即恒等於其長軸ＡＢ。短軸ＣＤ與長軸互相垂直平分。以短軸一端爲圓心，長軸一半爲半徑畫弧，與長軸相交之點即爲焦點（圖⑰）。橢圓之作法分述如下：

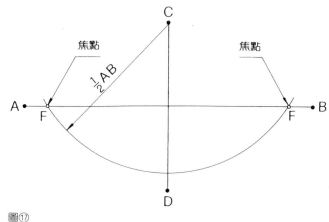

圖⑰

①繩帶法畫橢圓：決定橢圓之長短軸ＡＢ與ＣＤ，定出焦點Ｅ、Ｆ，並和Ｃ點一起釘上圖釘。以一細繩繞經Ｃ、Ｅ、Ｆ三點，拉緊並打結，不可鬆弛（圖⑱）。移動Ｃ圖釘，移動鉛筆，並保持繩子緊繃，即可畫出橢圓（圖⑲）。

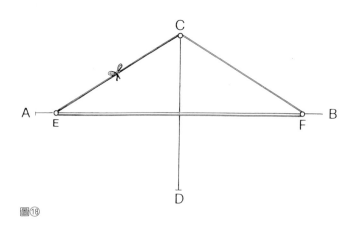

圖⑱

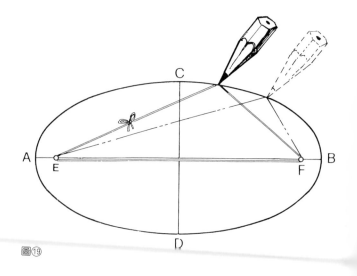

圖⑲

44

②同心圓法畫橢圓：已知長軸ＡＢ與短軸ＣＤ垂直相交於Ｍ點。以Ｍ為圓心，長、短軸分別為直徑畫同心圓。任意自Ｍ，引線交內圓及外圓。過內圓交點作ＡＢ之平行線與過外圓交點作ＣＤ之平行線相交得ｘ點，依此法求得許多ｘ點，連結之即為所求（圖⑳）。

③矩形求橢圓：已知矩形，則長邊即長軸，短邊即短軸。將長短軸作相同等分點。自短軸兩端連接這些等分點，則產生許多交點，連結各交點即為橢圓（圖㉑）。

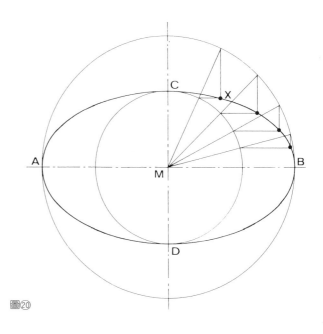

圖⑳

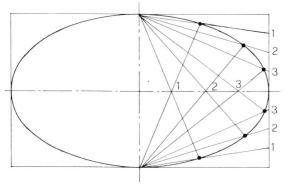

圖㉑

④四心法近似橢圓：已知ＡＢ、ＣＤ為長軸及短軸。連接ＡＤ，以Ｍ為圓心，ＡＭ為半徑畫弧交於Ｅ。以Ｄ為圓心，ＤＥ為半徑畫弧交ＡＤ於Ｆ。作ＡＦ之中垂線交ＡＢ於Ｇ，交ＣＤ延長線於Ｈ，同理可得Ｇ′、Ｈ′。分別以Ｇ、Ｈ、Ｇ′、Ｈ′為圓心畫弧，即可畫一橢圓（圖㉒）。

⑤八心法近似橢圓：已知ＡＢ及ＣＤ為長軸及短軸。以Ｍ點為圓心，ＡＭ－ＭＤ為半徑畫圓與長軸交於Ｅ、Ｆ兩點。以45°三角板作圓之直徑與圓交於３、４、５、６點。再由該點作圓之切線，得１、２、Ｇ、Ｈ點。以Ｇ及Ｈ為圓心ＭＧ為半徑畫弧得７、８點。以１為圓心Ａ１為半徑畫弧到Ｊ點。以５為圓心５Ｊ為半徑畫弧到Ｋ點。以８為圓心８Ｋ為半徑畫弧到Ｄ點，依此類推，即為所求（圖㉓）。

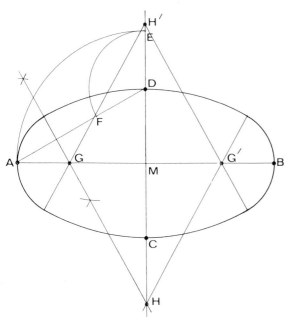

圖㉒

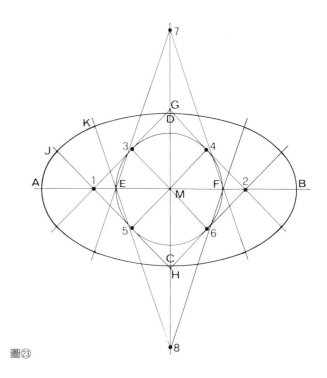

圖㉓

5·8 拋物線

拋物線爲一動點之軌跡，此動點至一定點之距離等於至一定直線之距離。定點謂之焦點。定直線謂之準線（圖❷）。其畫法分述如下：

①已知準線及焦點畫拋物線：已知直線ＡＢ爲準線，Ｆ爲焦點，過Ｆ作ＡＢ垂線交於Ｏ點。此垂線稱爲軸線，在軸線上取任意點Ｄ，過Ｄ作ＡＢ之平行線。以Ｆ爲圓心，Ｏ至軸線任意點Ｄ爲半徑畫弧，交於該點平行線上Ｐ及Ｐ′，以曲線板連接各交點，即爲所求（圖❷）。

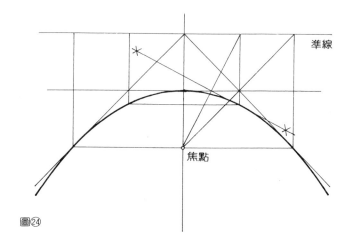

準線

焦點

圖❷

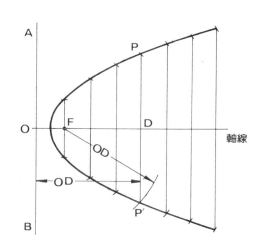

軸線

圖❷

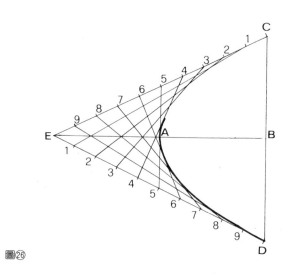

圖❷

②內包絡法畫拋物線：已知拋物線寬ＣＤ，作ＣＤ中垂線，使拋物線深度爲ＡＢ。延長ＡＢ，使ＢＡ＝ＡＥ。連接ＤＥ，ＣＥ後分成相同等分。連接各等分點，其所得新交點，連結成平滑曲線，即爲所求（圖❷）。

③平行四邊形法畫拋物線：已知拋物線之寬度及深度，自寬ＡＣ作中點Ｓ。等分ＡＳ、ＡＤ成相同份數。自Ｓ分別與ＡＤ等分點連接。再自ＡＣ上之等分點作平行軸線之直線，則分別有交點。連結各交點，即爲所求（圖❷）。

5·9 漸開線

①直線之漸開線：已知直線ＡＢ，以Ｂ爲圓心，ＡＢ爲半徑畫半圓ＡＣ。次以ＡＣ爲半徑Ａ爲圓心畫半圓ＣＤ，依次畫至所需之圖形（圖❷）。

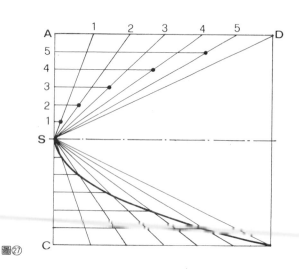

圖❷

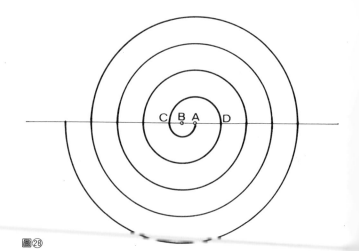

圖❷

②正方形之漸開線：以ＡＢ為半徑，Ｂ為圓心畫ＡＥ¼圓，次以Ｃ為圓心，ＣＥ為半徑畫ＥＦ¼圓。依此類推，即為所求（圖㉙）。

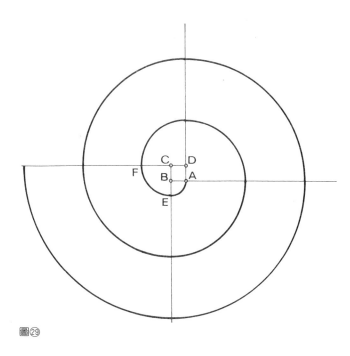

圖㉙

③阿基米德渦線：已知圓Ｍ，以同心圓方式等分若干等分，與圓周等分線相交，依序將其交點連結，即為所求（圖㉚）。

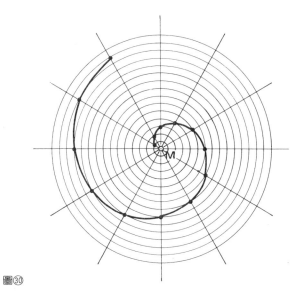

圖㉚

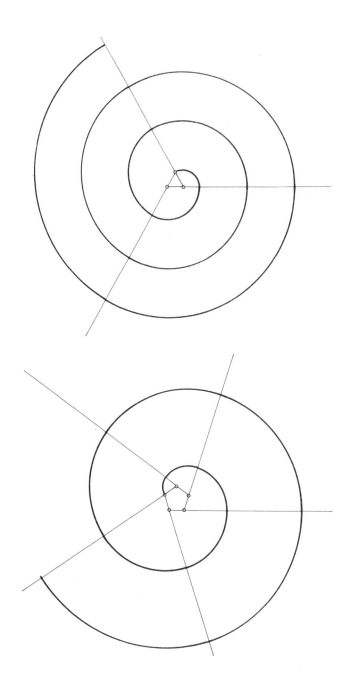

④圓之漸開線：已知圓Ｍ，等分若干等分。每一等分點作一切線。切線長為該等分部分之圓周長。連接各切線長成一平滑曲線，即為所求（圖㉛）。

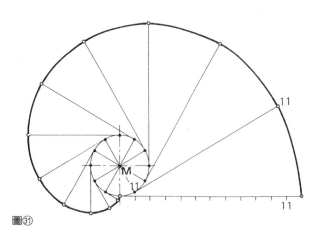

圖㉛

47

5·10 擺線

　　當一圓沿一直線滾動時，圓上一點移動的軌跡稱為擺線。其作法如下：

①擺線畫法：將圓分成適當之等分，然後將圓周上之等分點展直成切線0-7，並由等分點作垂線。由圓心作切線0-7之平行線，交於垂線。以各交點為圓心，分別作圓，以示滾圓之不同位置，再依次將原有圓上各分點投射於各圓上，將圓上各點連接即為擺線（圖❸❷）。

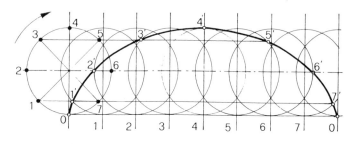

圖㉜

5·11 切線

①已知圓M上A點及圓外B點作切線：連接AM，過A作AM垂線，即為切線。圓外B作切線，先連接BM，求BM平分點O。以O為圓心，OM為半徑畫弧得C，連接BC，即為所求（圖❸❸）。

②作圓M與直角相切：已知圓M半徑為R，作AB＝AC＝R。分別以B、C為圓心，R為半徑畫弧交於M，M即為圓心，B、C即切點（圖❸❹）。

③作圓M與兩直線相切：作間隔R分別平行AB及AC之兩線交於M，M即為切於AB及AC兩線之圓心（圖❸❺）。

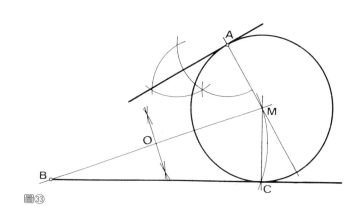

圖㉝

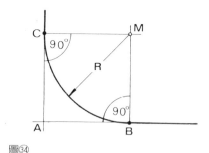

圖㉞

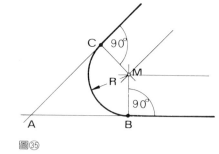

圖㉟

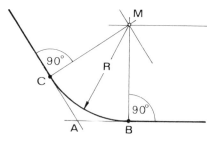

④已知兩圓M₁M₂，作外公切線：以R₁－R₂為半徑畫圓。連接M₁M₂並作平分點O，以O為圓心，OM₂為半徑畫弧交於A與B。連接M₁B，M₁A，再分別作平行線T₁T₂，即為所求（圖❸❻）。

⑤已知兩圓M₁M₂，作內公切線：以M₁為圓心，R₁＋R₂為半徑畫圓。連接M₁M₂並作平分點O，以O為圓心，OM₂為半徑畫圓。與前一圓交於A點。連接M₁A及M₂A，作T₁T₂即為所求（圖❸❼）。

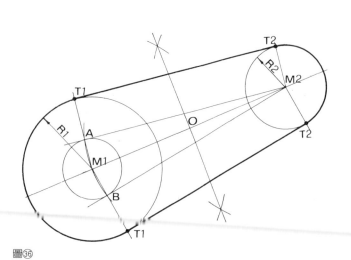

圖㊱

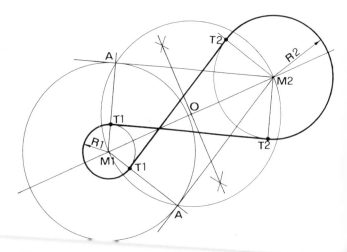

圖㊲

48

⑥作一已知半徑R之弧切於兩已知圓：以R－R₁及R－R₂爲半徑，M₁M₂分別爲圓心畫弧交於O點。連接OM₁及OM₂，分別交於D、C點即爲切點。再以O爲圓心，R爲半徑畫弧，即爲所求（R必須大於或等於½AB）（圖❸）。

⑧作一已知半徑R之弧切一已知直線與圓：作與已知直線g距離R之平行線AO。以M爲圓心，R＋R₁爲半徑畫弧，交OA於O，以O爲圓心，R爲半徑畫弧，即爲所求。B、C分別爲切點（圖❹）。

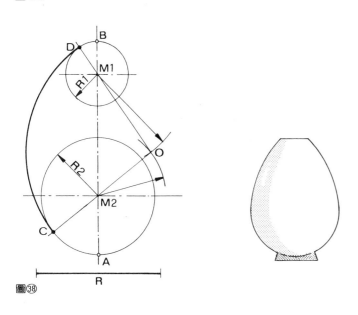

圖❸

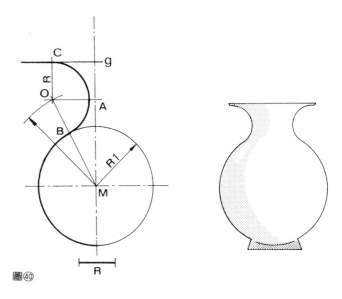

圖❹

⑦作一弧切於一已知直線與圓：定圓M上A點爲切點，連接MA，作MA垂線與已知直線g交於B。取AB＝BC。由C作g垂線交MA於O，以O爲圓心畫弧，即爲所求（圖❸）。

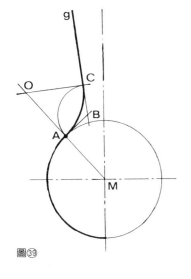

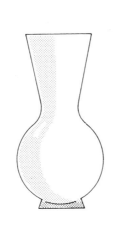

圖❸

5・12 反向曲線

①已知AB、CD兩直線，求反向曲線：先自端點B及C分別作垂線。連接BC，設E爲反向曲線之交切點。分別作BE、CE之垂直平分線，並延伸交於F、G。再分別以F、G爲圓心，至E爲半徑畫弧，使相交於B、E、C，則即爲所求（圖❹）。

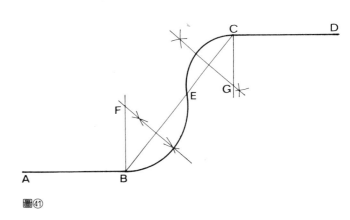

圖❹

②各式反向曲線之應用（圖❹）。

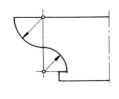
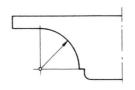
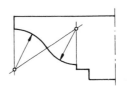
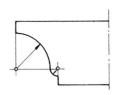

圖❹

前面已介紹過各種幾何圖法，當應用於作圖時，其作
圖的過程，因圖而異，舉例如下（圖㊸、㊹）

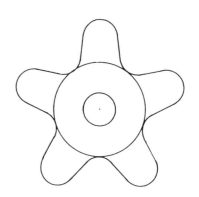

圖㊸

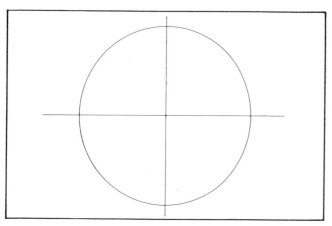

ⓐ取中心線，畫圓。

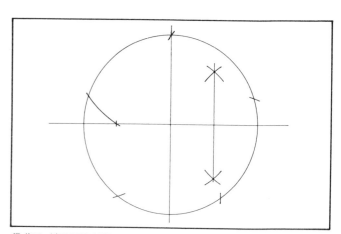

ⓑ作內接正五邊形

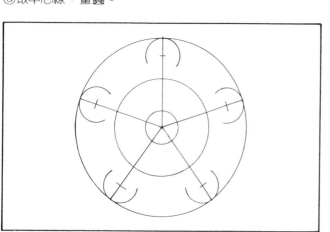

ⓒ畫各圓弧

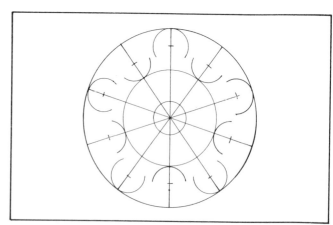

ⓓ畫另一組圓弧

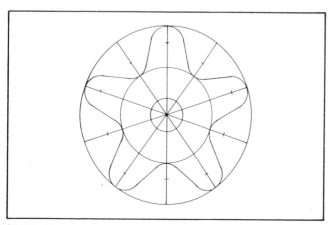

ⓔ作切線

ⓕ擦去多餘線條，完成作圖。

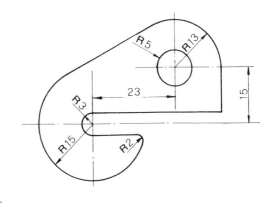

圖㊹

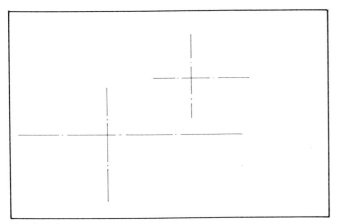

ⓐ 畫圓心

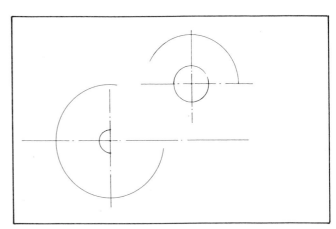

ⓑ 畫各圓弧

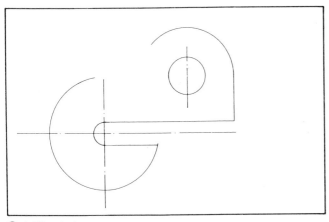

ⓒ 畫相連之直線與圓弧

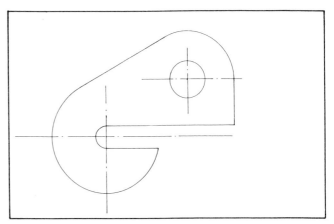

ⓓ 作圓弧之切線

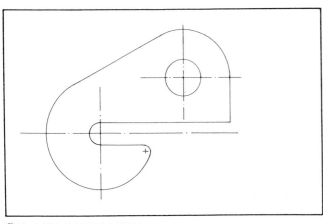

ⓔ 畫小圓切於圓弧與直線

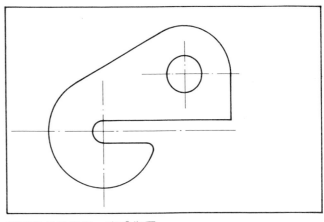

ⓕ 擦去多餘線條，完成作圖。

51

5・14國旗之製圖方法

天地人和＝紅色
天日月星＝青色長方
甲乙丙丁＝白日
甲乙丙丁・戊己庚辛＝青圈
子丑寅卯辰巳午未申酉戌亥＝頂角
中＝圓心
中甲＝白日半徑
天地：天和＝3：2
天日＝½天地
天星＝½天和
中甲：天日＝1：8
中子：中甲＝2：1
甲戊＝¹⁄₁₅甲丙

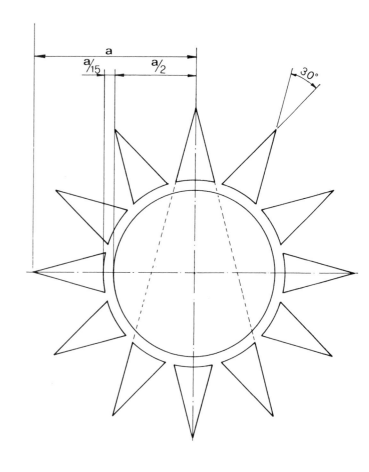

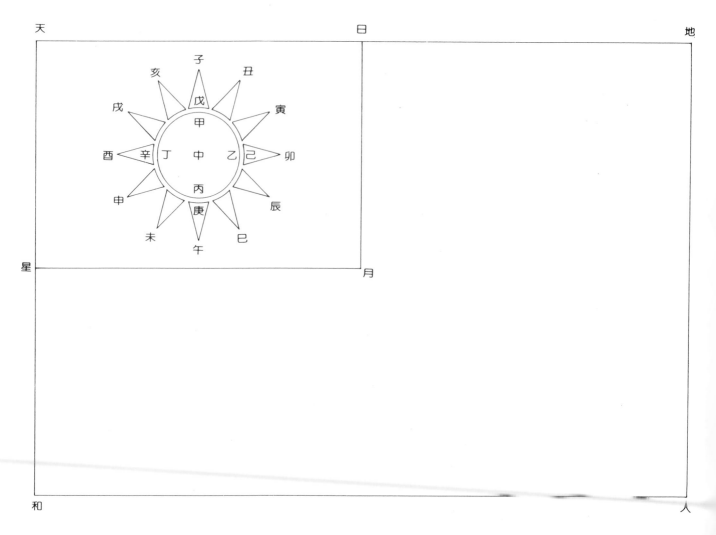

1.　依下列各圖，以分規量繪之。（幾何圖法之應
　　用）。

1

2

3

4

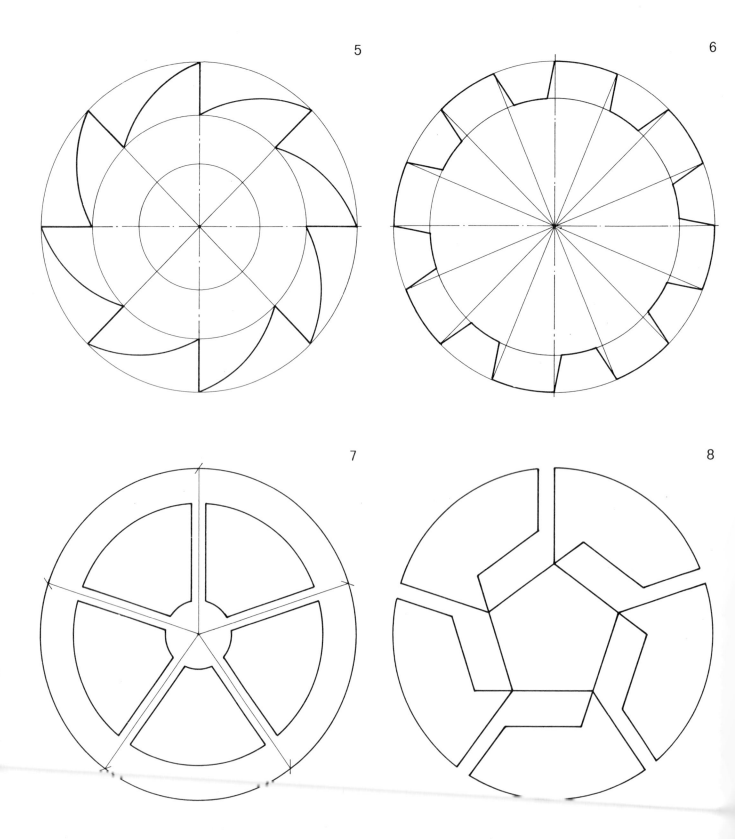

5

6

7

8

9

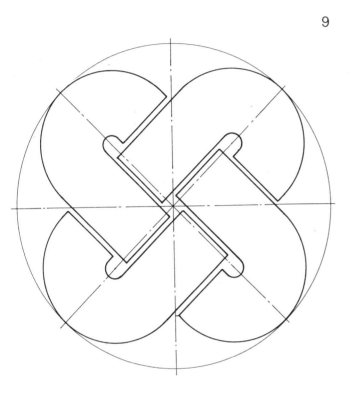

10

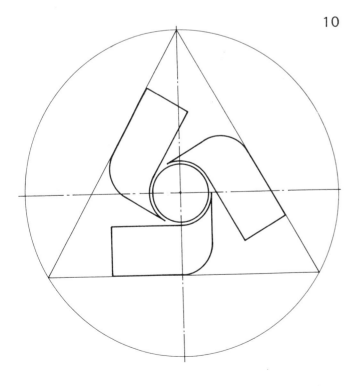

6. 正投影圖法

6·1 投影方法及分類

　　假設以光線通過空間之某點，將此點之影投射於平面上，則此平面上之影像，就是某點之投影（圖❶），物體之描繪係利用投影之原理在紙面上畫出物體之影像，又因投影方法的差別，而產生許多不同的表達方式，如表❶所示，而最能正確、清楚的描述物體的方法，則非正投影圖法莫屬。

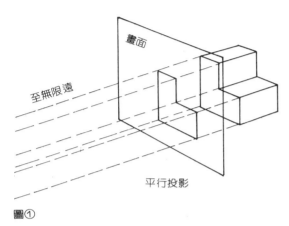
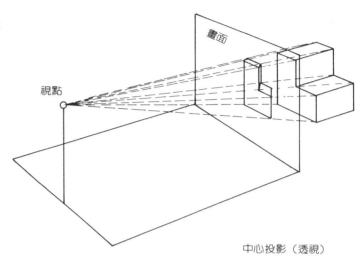

平行投影　　　　　　　　　　　　中心投影（透視）

圖①

6·2 正投影原理

　　正投影的基本原理是物體上的點都平行的向無限遠的地方投影，而在假設的畫面上產生影像（圖❷）的平行投影法，一物體如想以正投影圖法表示，空間至少須有兩個投影面，一是垂直面（V、P），一是水平面（H、P），V、P與H、P互相直交，且將空間分為四部份稱之為象限或角。（圖❸）

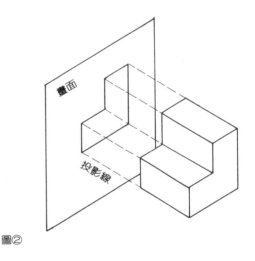

圖②

6·3 第一角法與第三角法

　　不管物體置於那一象限，在V、P面上的投影稱為前視圖（垂直面），在H、P上的投影稱為俯視圖（水平面）前視圖與俯視圖為了在同一平面上畫出，通常前視圖不動，而將俯視圖旋轉90°（圖❹）因此第一象限的俯視圖在前視圖的下部，而第三象限的俯視圖則在前視圖的上部（圖❺）。如將物體置於第二或第四象限時，其俯視圖旋轉後將與前視圖重疊，因此在正投影圖法，只採用第一及第三象限。

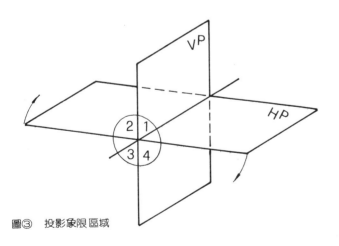

圖③　投影象限區域

第一象限位在（V、P之前，H、P之上）
第二象限位在（V、P之後，H、P之上）
第三象限位在（V、P之後，H、P之下）
第四象限位在（V、P之前，H、P之下）

圖 畫 型 式			各要項間之關係		
類型	圖 畫	名 稱	物體與畫面	投影線本身	投影線與畫面
正投影　軸測投影		多面視圖	一面平行	平行	垂直
		等角圖	三軸與畫面成等角	平行	垂直
		二等角圖	二軸與畫面成等角	平行	垂直
		不等角圖	各軸與畫面均成不等角	平行	垂直
斜投影		等斜圖	一面平行	平行	傾斜45°
		半斜圖	一面平行	平行	傾斜
		斜投影	一面平行	平行	傾斜
中心投影　透視		一點透視	一面平行	集中一點	各種角度
		二點透視	垂直線平行畫面	集中一點	各種角度
		三點透視	三軸均與畫面傾斜	集中一點	各種角度

表❶　投影之種類

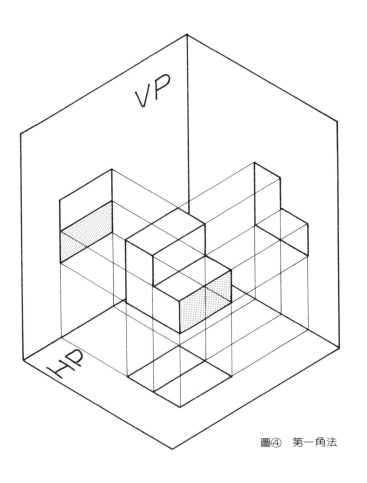

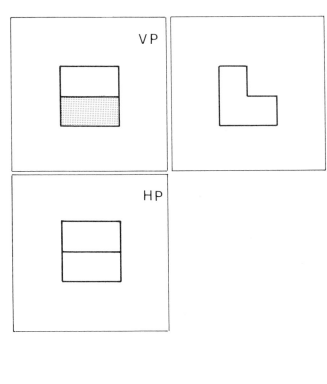

圖④ 第一角法

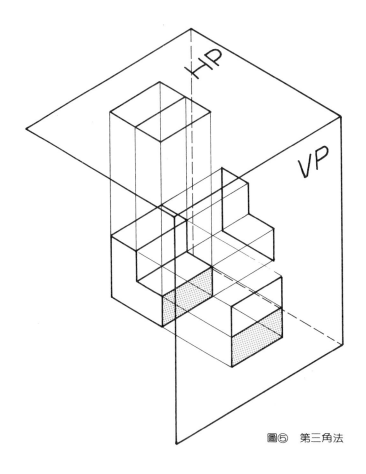

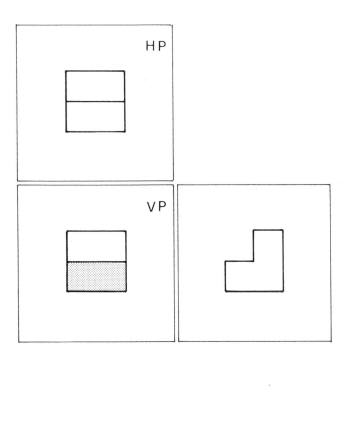

圖⑤ 第三角法

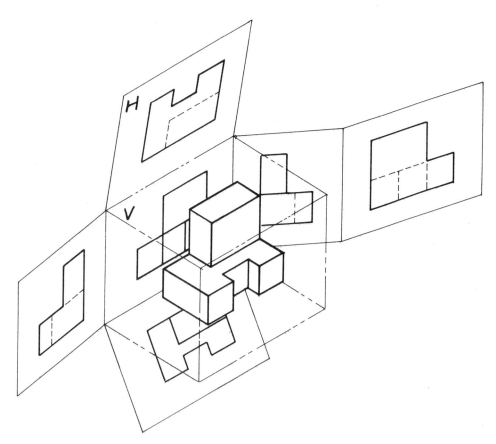

圖⑥　第一角法投影方式

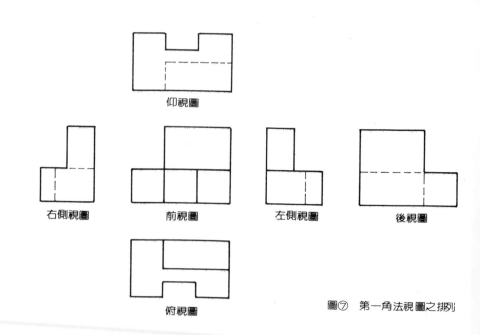

仰視圖

右側視圖　　　前視圖　　　左側視圖　　　後視圖

俯視圖

圖⑦　第一角法視圖之排列

將物體置於第一象限投影，稱為第一角法，置於第三象限則稱為第三角法。第一角法之投影方式如圖❻，如將其各投影面展開，則可得如圖❼之排列位置，第三角法的投影方式如圖❽，其排列位置如圖❾，現在以前視圖為主，將第一及第三角法作一比較，各投影面完全一樣，只有其相關位置有所差異而已。國際間為了更明確分出第一及第三角法，就制定了第一角及第三角法的符號（圖❿），使用於圖的下方，以交待視圖之相對位置。在實際應用上，因第三角法的視圖排列方式與物體各面之展開位置相同，而且相鄰近的兩視圖中，代表物體同稜線接近，標註尺寸時也較集中，對閱圖者比較容易建立立體的觀念，因此目前第三角法較廣為使用，我國CNS就採用第三角法。

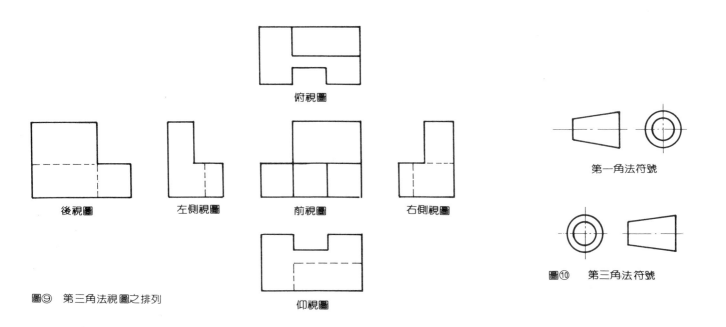

圖❽　第三角法投影方式

俯視圖

後視圖　　左側視圖　　前視圖　　右側視圖

第一角法符號

仰視圖

圖❾　第三角法視圖之排列

圖❿　第三角法符號

6‧4 線的表示

基本上正投影圖法是以線表現立體的圖法，因此對於沒有稜邊的複雜曲面，就很難正確表達。正投影視圖裏線有其特定的意義，如圖⑪，其涵義有四：①若一面垂直於投影面，稱該面為退隱面，以一線表示。②兩個面相交所成之線，稱為交線。③曲面之轉向之極限稱為素線。④對稱物體或軸之中心，以一假想線表示，稱為中心線，每一圓的心在二條中心線的交點上，中心線須交於長劃上。（有關虛線的畫法及線的優先次序請重讀3‧3及3‧4）。

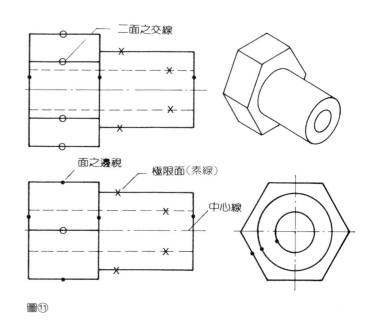

圖⑪

● 虛線的起訖與交接之複習

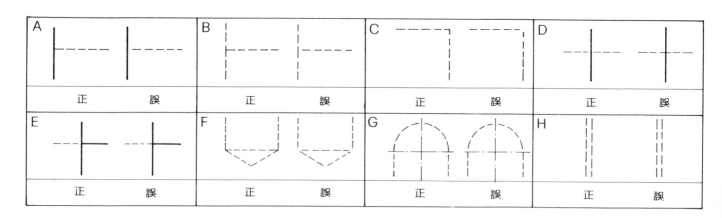

A	B	C	D
正　　　誤	正　　　誤	正　　　誤	正　　　誤
E	F	G	H
正　　　誤	正　　　誤	正　　　誤	正　　　誤

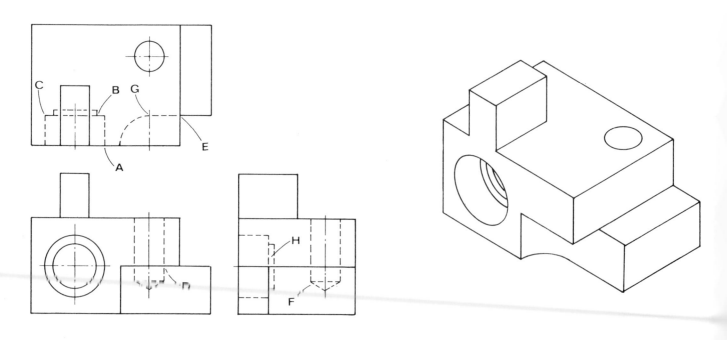

6．5　視圖的選擇

①視圖選擇的原則：一般物體依投影原理均可得六個正投
影視圖（圖⑫），但視圖與視圖間有的重複，因此有些物
體只要三個視圖就能將物體表達出來，最常用者為前視圖
、俯視圖及右側視圖。在選擇視圖時，通常以最能呈現物
體主要部份且虛線較少的視圖做為前視圖。（圖⑬）

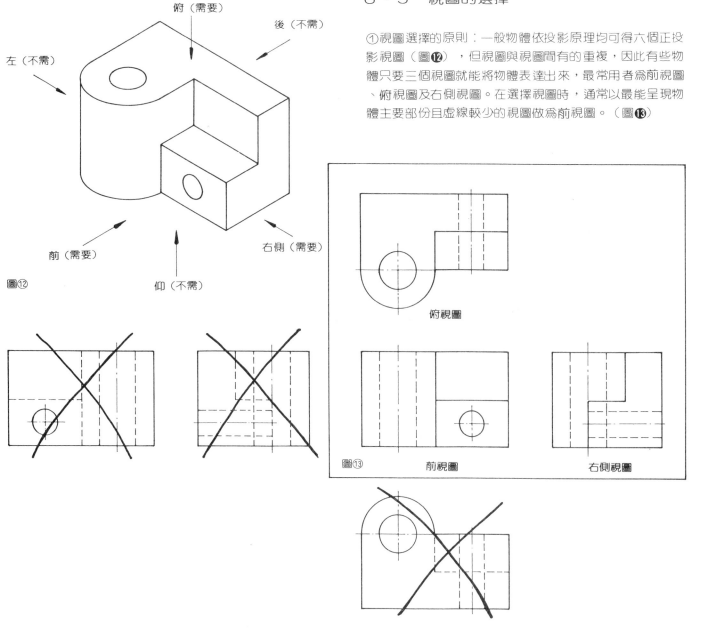

圖⑫

圖⑬　俯視圖　前視圖　右側視圖

②第二位置視圖：如圖⑭之物件，為一扁平之物體，如依
正常視圖之排列，則三視圖之位置必如圖⑮，造成圖紙空
間的浪費，為補救此一缺點，可於視圖排列時，固定俯視
圖，而將右側視圖展開於俯視圖之右側如圖⑯。

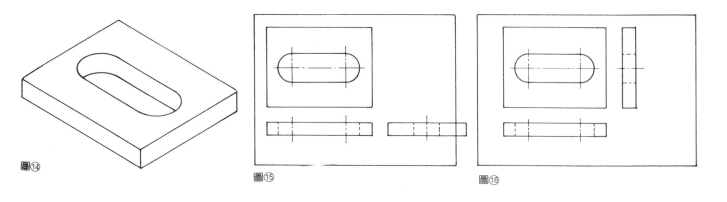

圖⑭

圖⑮

圖⑯

63

③單視圖與二視圖：在實際製圖中，對視圖之選擇以能把物體表現簡單清楚為原則，有時二視圖甚至單視圖就能表達者，過多之視圖反而浪費，如圖⑰所示能省則省。

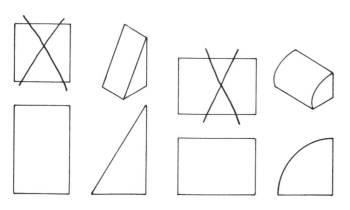

圖⑰　二視圖

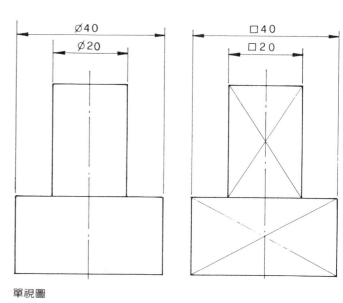

單視圖

6·6　徒手畫正投影視圖

初學正投影畫時，最好以單純之物體為對象，以徒手畫的方式，畫出物體之正投影圖，再由所畫之正投影圖想像物體之形狀，如此反覆練習。徒手畫正投影圖之步驟如圖⑱所示。

①觀察物體，決定最佳視圖組合。

②依近似比例，畫出三視圖位置及大小。

③畫出物體主要外形，再畫其他細節。

④擦去不用之線條。

⑤重描正確線條，並分出線的種類、粗細。

⑥檢查所繪之圖，是否有誤，然後自三視圖想像原物之形狀。

圖⑲⑳為物體之立體圖之圖例，可作為正投影之練習，練習前應注意：①物體觀察位置之選擇。②如何選擇視圖，為何如此選擇。③物體外形特徵之投影。④物體遮蔽處特徵之投影。⑤中心線之畫法。圖㉚㉛為其正確之投影圖，應先練習後再作比較。

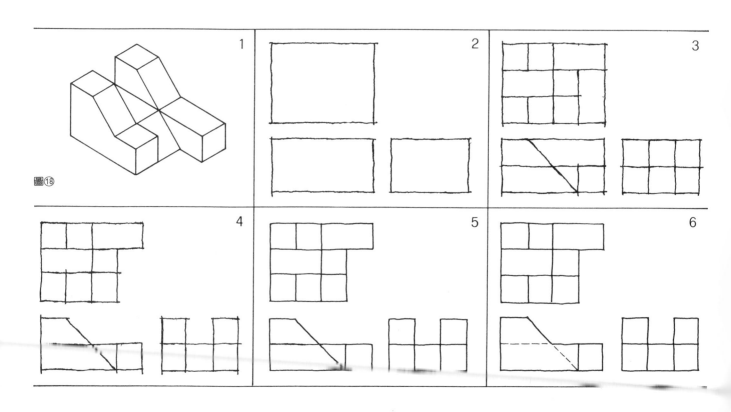

圖⑱

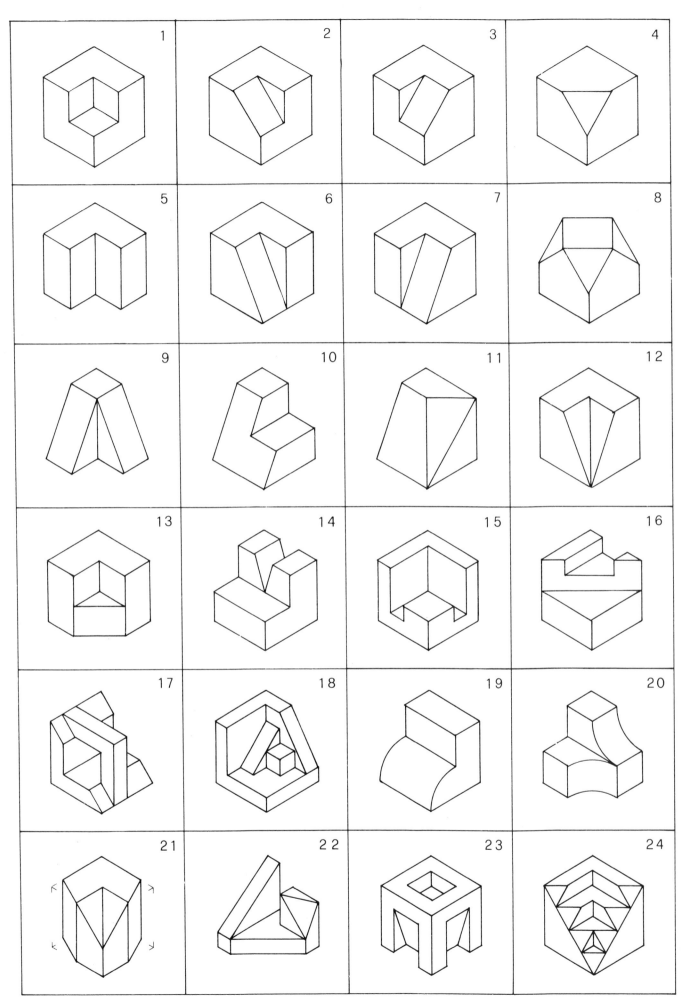

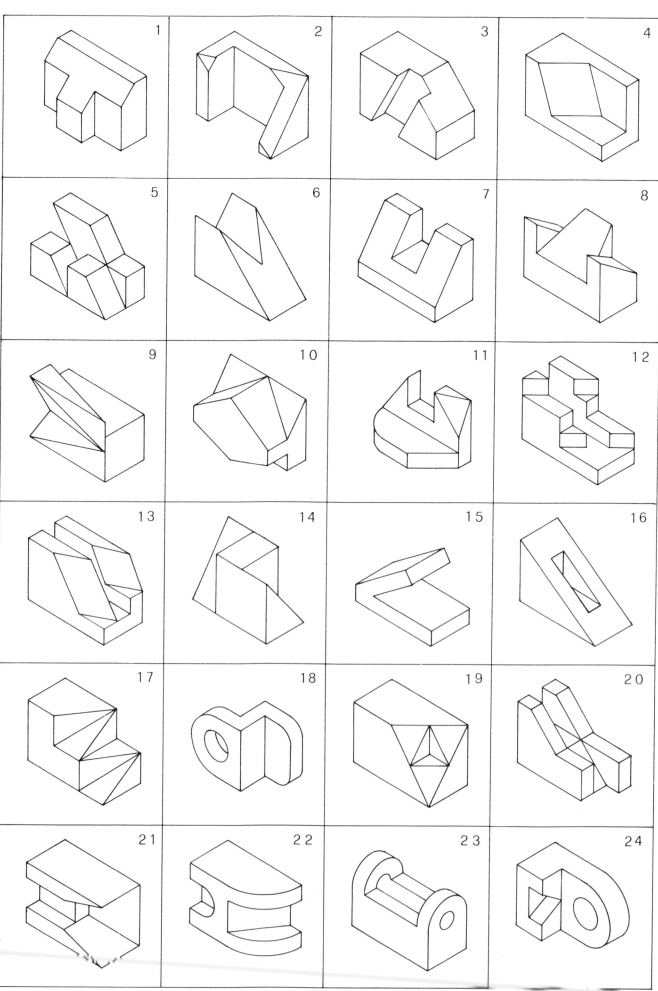

6‧7 識 圖

　　前面概說中提到學習圖學的目的在於能夠製圖與識圖，而所謂的識圖指的是能看懂別人所畫的正投影圖，因此識圖正確的定義是：應用正投影的原理，以解釋由正投影圖所得物體形狀的一種程序。由於圖的情況差異很大，識圖之程序，並非永遠不變，只能列舉出基本的方法以供參考。方法如下：

(1)　先確定所繪視圖是以第一或第三角法繪的。也就是確定那一面是前視圖，那一面是俯視圖……（圖❷）。

(2)　由簡單的特點著手，視圖中點、線、面及體所呈現的投影相對關係。（圖❷）

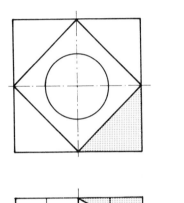
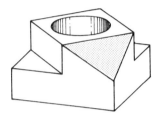
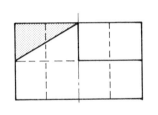

圖❷

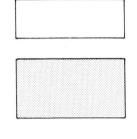
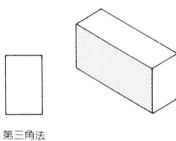

第一角法

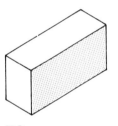

第三角法

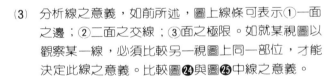

圖❷

(3)　分析線之意義，如前所述，圖上線條可表示①一面之邊；②二面之交線；③面之極限。如就某視圖以觀察某一線，必須比較另一視圖上同一部位，才能決定此線之意義。比較圖❷與圖❷中線之意義。

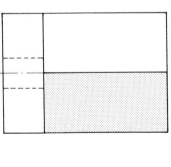

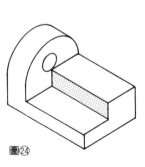

圖❷

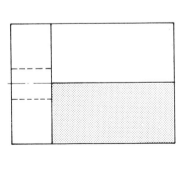

圖❷

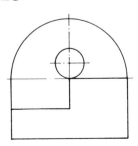
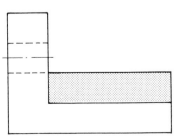
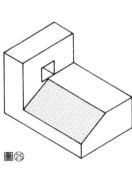
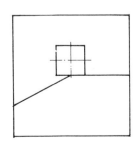

(4) 分析視圖中相隣兩隣面之關係；二隣面永不可能置
於同一面內。如二隣面能置於同一面內，則其間必
無邊界線。圖❷用以說明各隣面之關係。

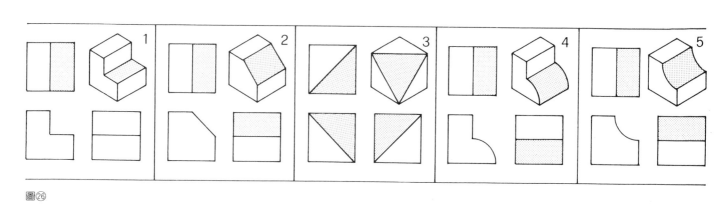

圖❷

(5) 藉徒手草圖決定視圖之立體外形：綜合以上對視圖
之觀察與分析，以徒手的方式確定物體之立體外形
。徒手草圖係根據三軸（圖❷），一為垂直，其餘
二者與水平線成 30° 角，三軸代表三互相垂直之線
，任何長方形之寬、深、高可依比例作於三軸上（
圖❷）。圓則畫於外切正方形中。徒手草圖之過程
如圖❷所示：(a)畫軸；(b)畫形狀之輪廓；(c)及(d)將
細節畫於各面；(e)及(f)完成視圖之立體草圖。徒手
草圖之練習可藉助現成之等角格紙，每格代表一同
比例之單位，過程與圖❷相似。請將附印之等角格
紙剪下影印，參考圖❸與圖❸之三視圖，勤加練習
，圖❶❷為其立體圖，可練習後對照檢討。

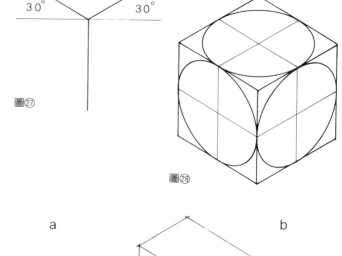

圖❷

圖❷

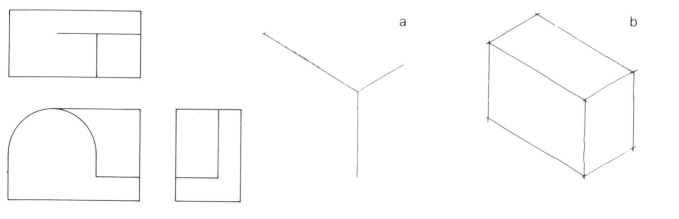

圖❷

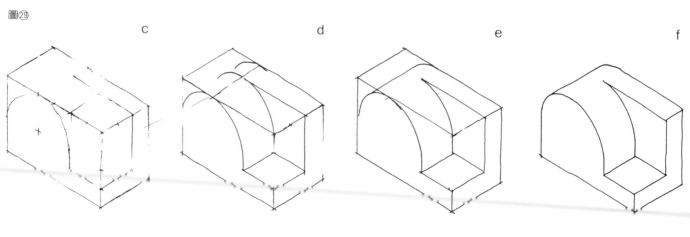

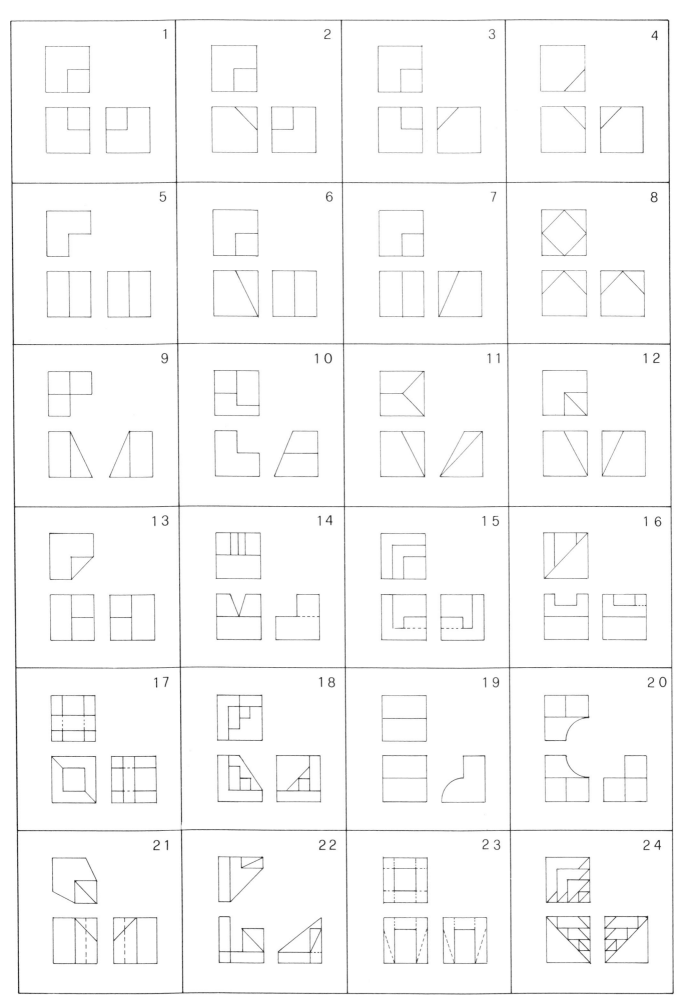

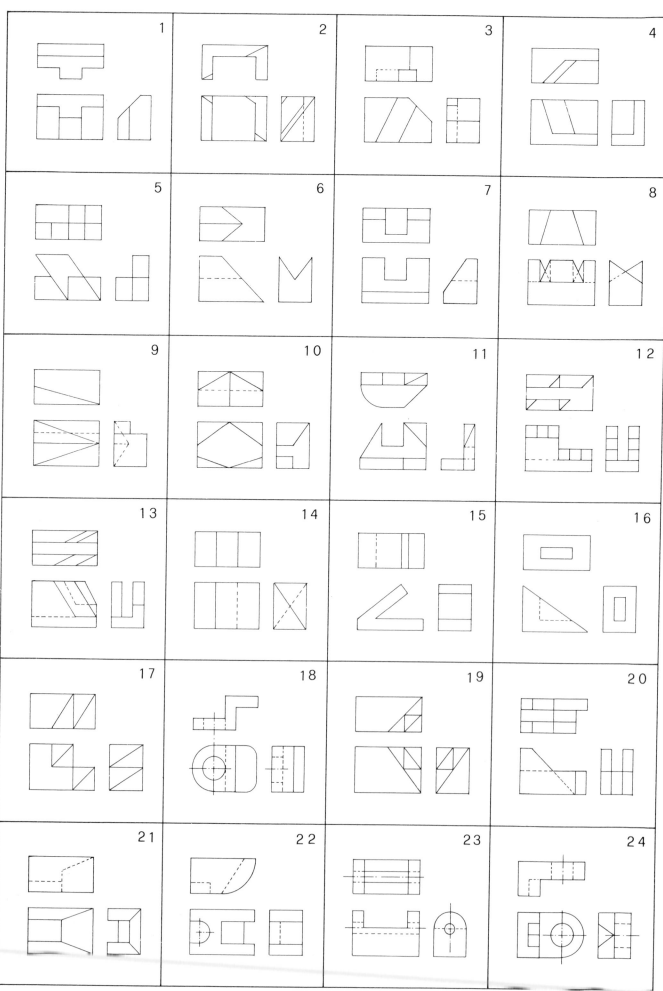

圖31

70

1. 找出下列各題之右側視圖，將其英文代號填入
各題之括弧內。

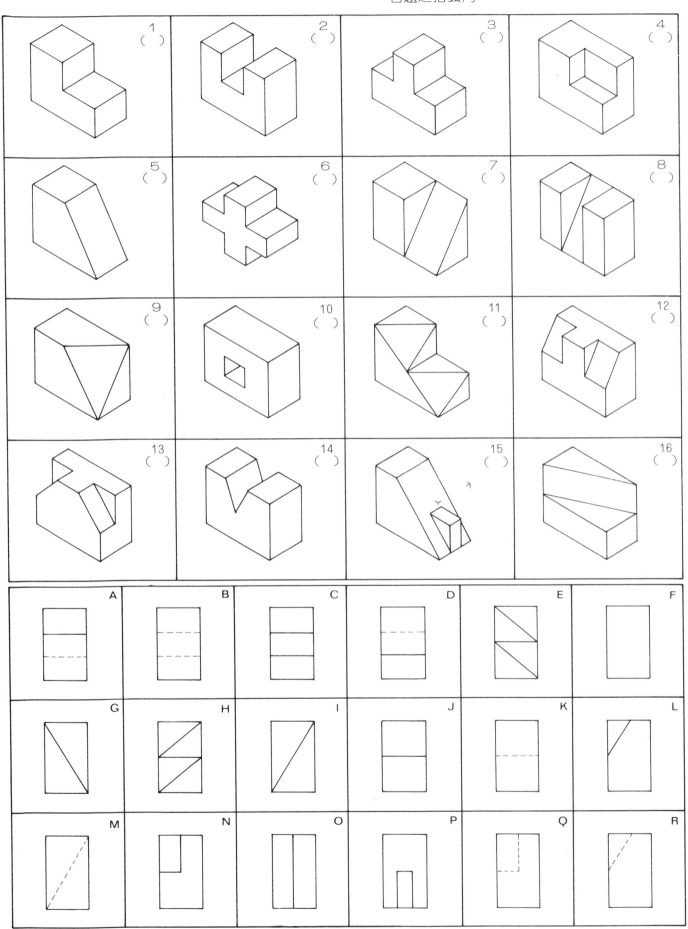

2. 依各題箭頭指向，找出正確的視圖。

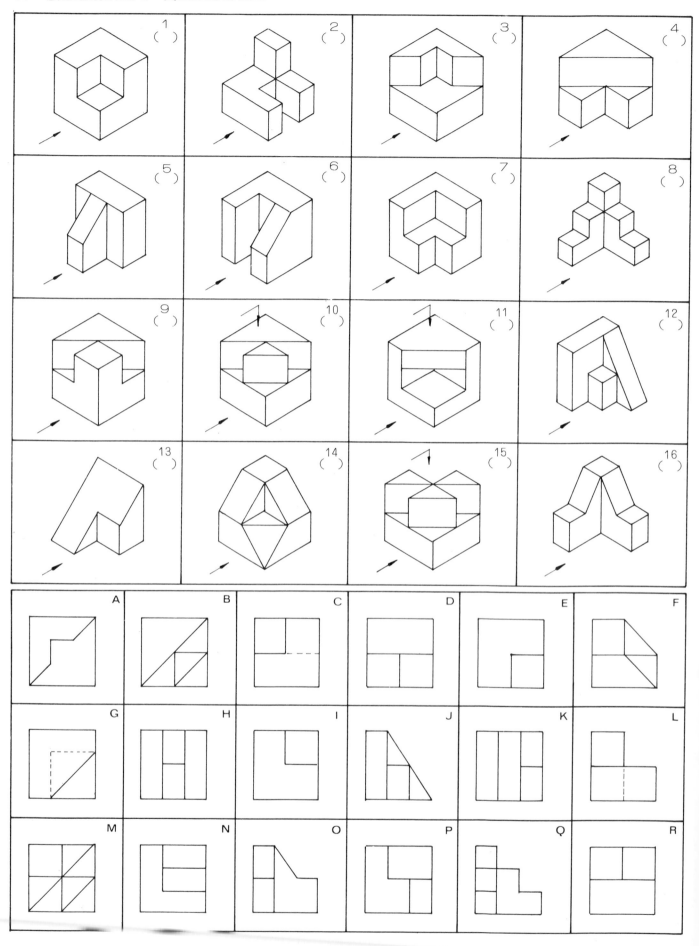

3. 畫出下圖中所缺之線，或塗去多餘之線。

4. 畫下列各圖之正投影視圖（比例由教師自行設
定）。

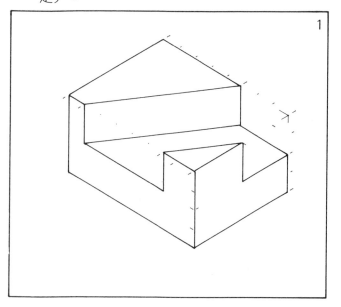

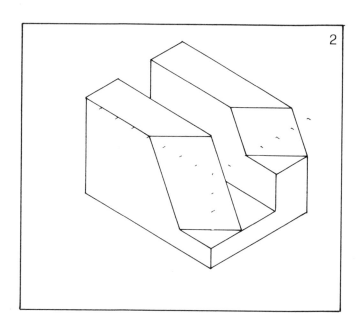

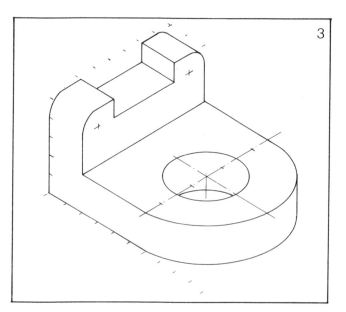

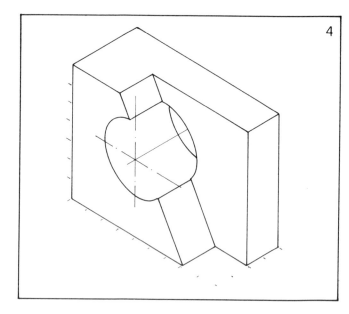

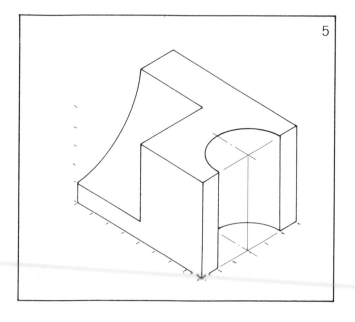

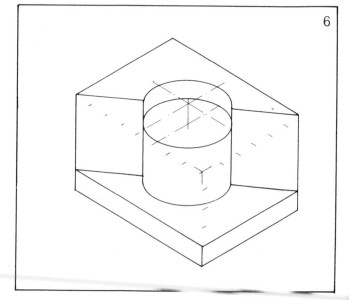

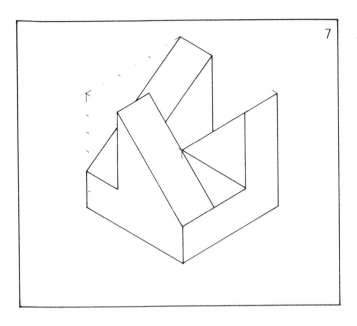

7

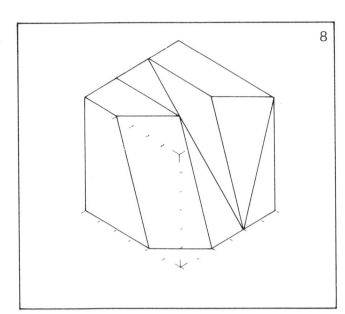

8

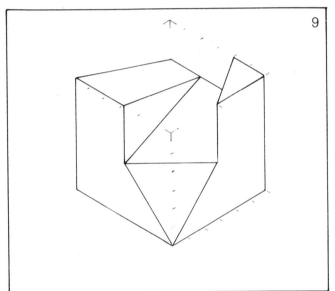

9

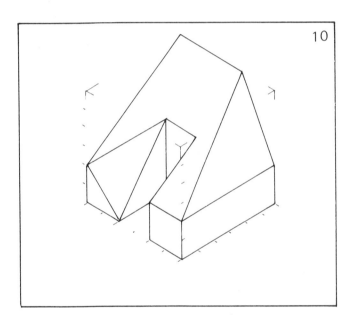

10

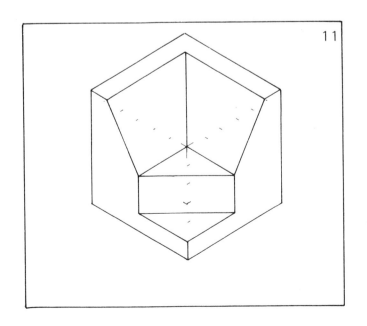

11

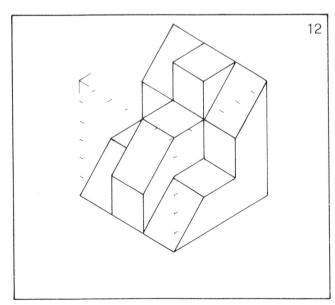

12

7. 尺度標註與註解

7・1 前言

一完整的製圖除了須以足夠的視圖表達物體的形狀、構造或位置之外，還須標示完整的尺寸及註解正確的材料與製造等資料。尺寸與註解之標示須以閱圖者的立場來考慮，不能以繪圖者之方便來標示，因此學習製圖除了繪圖本身的的知識外，還須多充實有關材料、生產方法等常識。

7・2 尺寸之符號

完整的尺寸符號包括尺寸線、箭頭、延伸線、指線及數字，如圖❶所示，分述如下：

①尺寸線：為一平行於所欲度量之方向，且與延伸線垂直之細實線，兩端用箭頭（點、或斜線）來表示度量之起訖點，與輪廓線距8 mm。（圖❷）

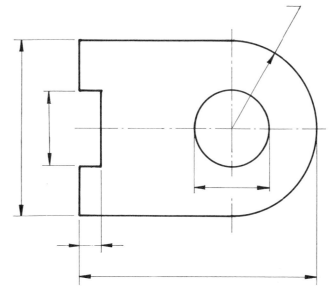

圖① 尺寸符號

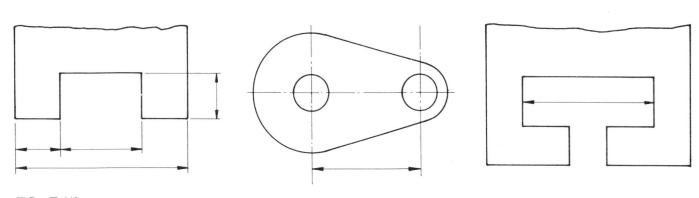

圖② 尺寸線

②箭頭：在表示尺寸之起訖點，其形式如圖❸所示，不管箭頭的形式如何，同一圖面的箭頭應求統一，除非為空間所限，其大小應求一致。箭頭通常以徒手繪出，因此須勤加練習才能繪得完美。

d＝ 粗線寬

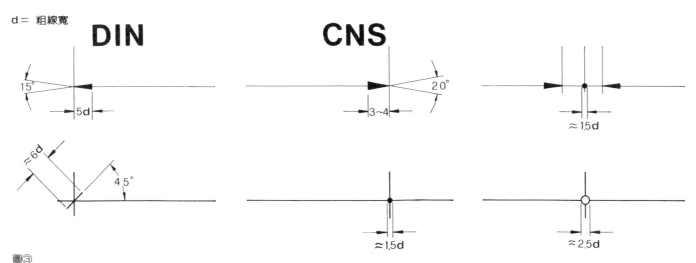

圖③

79

③延伸線：為延伸於視圖外以示尺寸界限之細實線，其情況有下列幾種（圖❹）：

○與輪廓線間隙1～2mm。

○伸入輪廓或延伸線彼此相交，延伸線無須破折。

○空間有限，延伸線與箭頭接近時，則予以破折。

○如某一點為用以定位時，則延伸線必須通過該點。

④指線：為一前端帶箭頭之細實線，用以指示一尺寸數值、角度或註解圖之特徵，指線在註解之開端或末稍可相接一水平短劃，指線必須繪出角度，與圖上水平與垂直之主線有所區別，通常繪成30°、45°或60°，若圖上有許多指線，應保持角度統一，指線應避免相交；避免過長；避免與尺寸線、延伸線、剖面線平行或相交；避免與所接觸之線形成太小之角度。（圖❺）

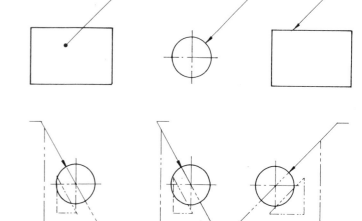

圖❻　指線

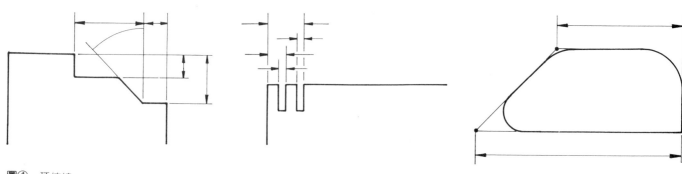

圖❹　延伸線

⑤尺度數字：為用以表示尺寸之距離或角度之大小。數字的大小要配合圖的大小（參考4‧1）。筆劃粗細約為字高的十分之一。尺度數字寫在尺度線之上方，尺度線不得中斷（圖❻）。水平方向之數字朝上，垂直方向則朝左（圖❼）。傾斜之尺度，其數字朝尺度線垂直方向書寫（圖❽-ⓐ），尺度線位置應盡量避免在圖中之陰影線部份，不可避免時，則如圖❽－ⓑ標註。角度數字之位置與方向如圖❾所示。

87

圖❻

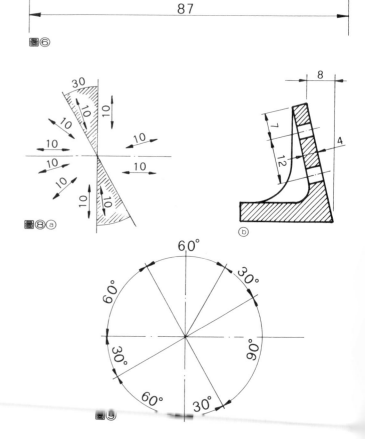

圖❽ⓐ

ⓑ

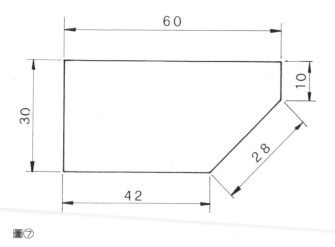

圖❼

圖❾

7‧3 尺寸安置原則

　　當視圖完成後，要將尺寸安置時，應考慮該尺寸將置於何視圖；要置於該視圖之何處；該尺寸應為何種形式等等，要考慮的原則很多，但最重要的應求清晰、正確、美觀。將尺寸安置的原則分述如下：

①以最能顯示其外形者，圖❿中之圓、鑽孔、下凹角在前視圖中最能顯示其外形，所以將尺寸置於前視圖，該物體前面之凸出形狀在俯視圖較明顯，所以將尺寸置於該處。

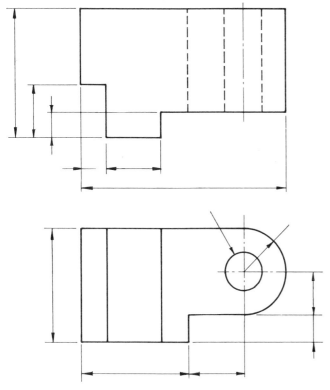

圖⑩

　不理想

②稜柱形之尺寸（圖⑪），須使長、寬、高三尺寸中之二個置於顯示外形之視圖上。

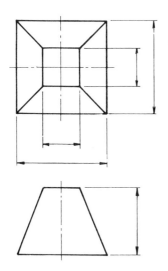

圖⑪

③圓柱體之尺寸（圖⑫），直徑及長度通常置於非圓形視圖上。

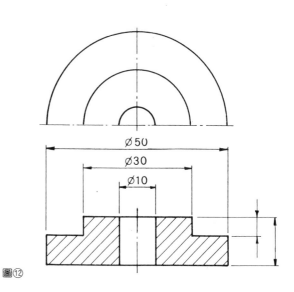

圖⑫

④若爲註解圓孔，則尺寸應置於圓形視圖上，因可與施工法及深度註明在一起（圖⑬）。

⑤尺寸只能置於一視圖，雖尺寸在二視圖間，但延伸線只能自一視圖引出（圖⑭）。

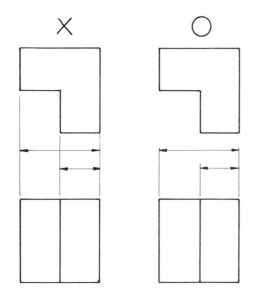

圖⑬

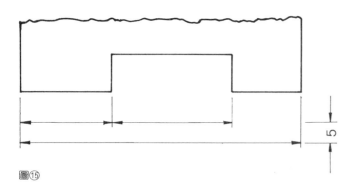

圖⑭

⑥平行的尺寸線間隔5mm（圖⑮）。

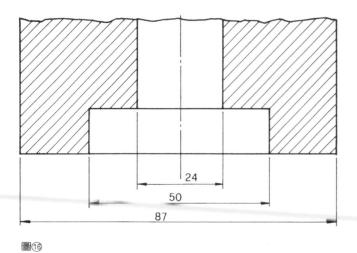

圖⑮

⑦數字應註於尺寸線之中央，若爲中心線所阻，或數個數字重疊時除外（圖⑯）。

⑧尺寸線不應擁擠，若空間有限，可以圖⑰解決，如實在太小，亦可將視圖放大如圖⑱。

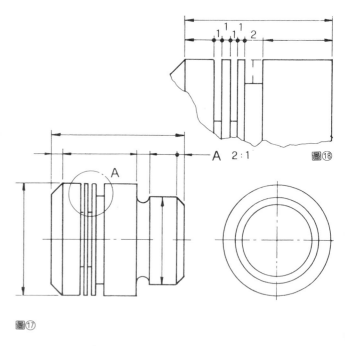

圖⑰

圖⑱

⑨尺寸線應置於表示該尺寸眞實長度之視圖上。（圖⑲）。

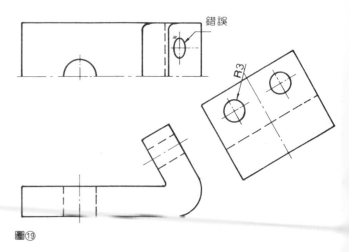

圖⑯

圖⑲

⑩剖面內最好不要置尺寸線，若無可選擇，則數字附近不
畫剖面線（圖⑳）。

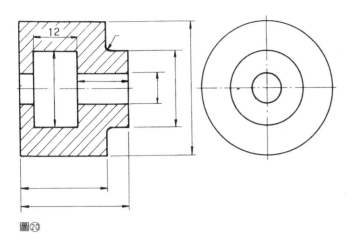

圖⑳

⑪不可使任何線穿過數字（圖㉑）。

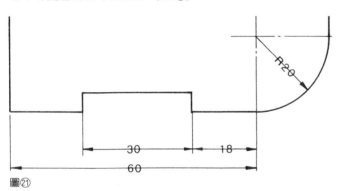

圖㉑

⑫多餘尺寸應予免除（圖㉒）。

⑬不可將中心線、圖線或延伸線當作尺寸線使用（圖㉓）
。

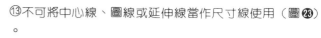
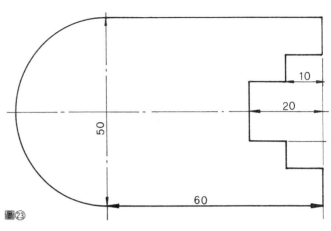

圖㉓

⑭較長之尺寸恆置於較短者之外，以免與其他尺寸之延長
線相交（圖㉔）。

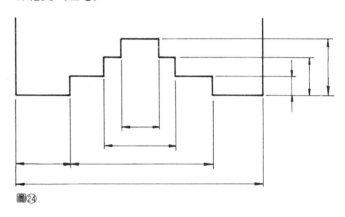

圖㉔

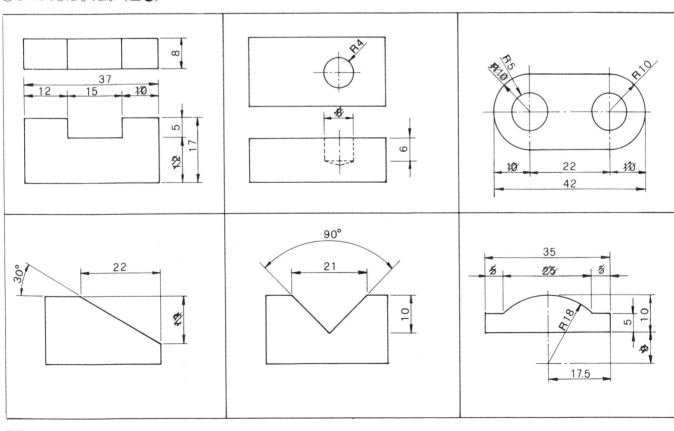

圖㉒

7‧4 註 解

　　凡是不能用視圖或尺寸表達之資料，而用文字、符號來表示，稱為註解，常被用以說明某種標準、外形、操作或材料。註解可分公有註解及特有註解。公有註解適用全部；特有註解用以個別部份，公有註解不需指線，而集中寫於圖紙之左下角（圖❷），特有註解均需指線，要儘量靠近所註之部份（圖❷）。有時用一註解可省畫一視圖，所以儘量使用註解，但應寫得簡明、達意，不可引起誤解。

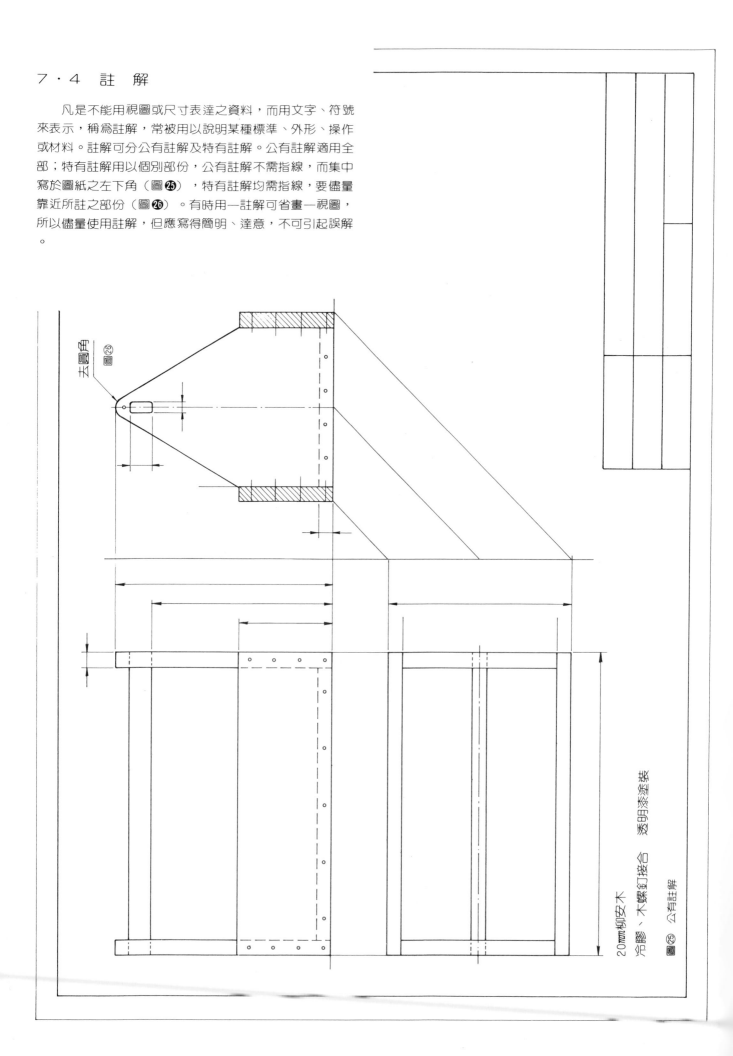

去圓角 圖❷

20mm柳安木
冷膠、木螺釘接合　透明漆塗裝

圖❷ 公有註解

視圖裏有一些常用的形或標準化的施工方法，在標註
時有習慣上的標註法，分述如下：

①角：角之尺寸線爲一圓弧，圓心在角尖（圖❷ ）。

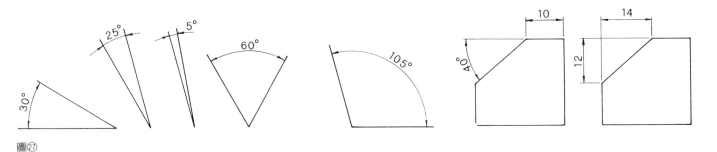

圖㉗

②斜面：斜面之角如爲45度，則可用註解（圖❷－ⓐ），
若角不爲45度，則應註之如ⓑ。

③弧：圓弧之尺寸，可將半徑註於視圖上，半徑之尺寸線
爲一與水平成角度帶有箭頭之半徑線，尺寸數字之前接以
"半徑" 或字母R（圖❷ ）。圓弧之心若在圓外則將此心
沿弧之中心線移近，並將尺寸曲線曲折以過新圓心（圖❸

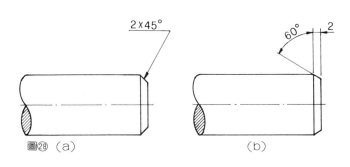

圖㉘ （a）　　　　　　　　　（b）

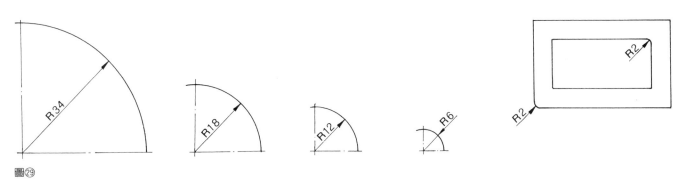

圖㉙

④圓頭形：應按其製造方法加註尺寸，圖❸爲一薄片，所
以標註兩端之半徑及中心距離；圖❸爲鑄成之薄頭，其標
註與圖❸相似，使製模工感到方便；圖❸爲用銑刀製成之
槽，其尺寸示出銑刀之直徑及銑床台之行程。

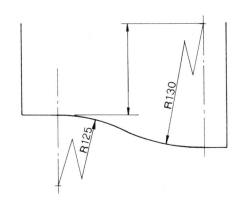

圖㉚

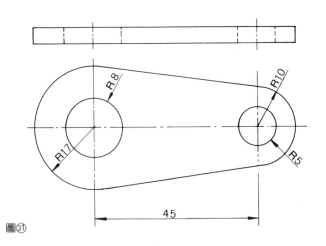

圖㉛

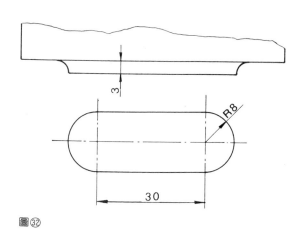

3
R8
30

圖㉜

16
39
8

圖㉝

⑤孔：鉸孔、柱坑、錐坑及魚眼孔之標註法如圖㉞所示。

鑽鉸孔
鑽柱坑
鑽錐坑
鑽魚眼坑

圖㉞

⑥球面：球面符號爲"S"，標註時將直徑或半徑，註於"S"之後，然後再接數字，如圖㉟。

SØ28

圖㉟

圖㊱

⑦曲線：可以半徑註曲線之尺寸如圖㊱。曲線如不需有較大之準確度，則可藉支距以定其尺寸如圖㊲。如需較大之準確度，則可以基準定其尺寸如圖㊳。

圖㊲

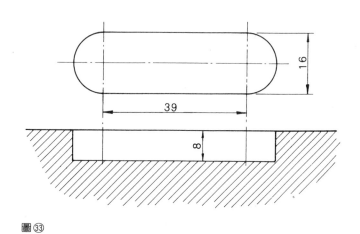

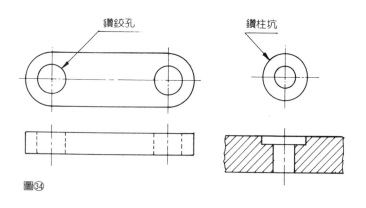

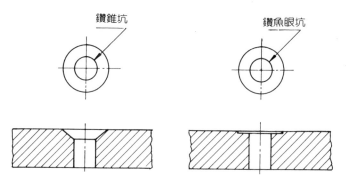

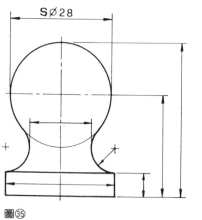

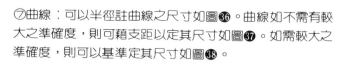

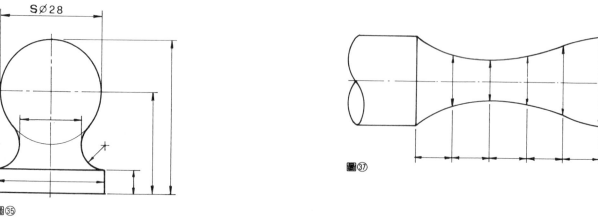

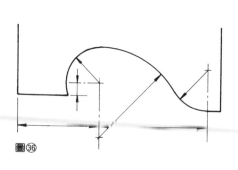

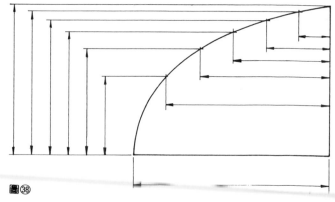

圖㊳

⑧不規則曲線：無法以支距及基準線定其尺寸之不規則曲
線，通常在不規則曲線之四周，畫等大小之方格，然後再
標註單位方格之大小尺寸，如圖❸所示。利用此方格法，
亦可將不規則曲線作放大或縮小，如圖❹❹。

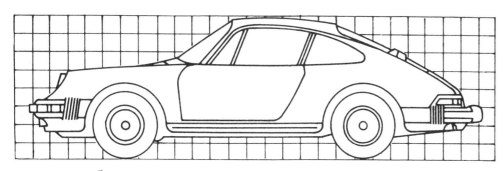

圖㊴　　方格：5　mm

圖㊵

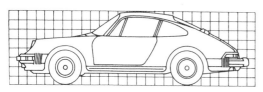

圖㊶

7・5 習題

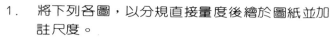

1. 將下列各圖，以分規直接量度後繪於圖紙並加註尺度。

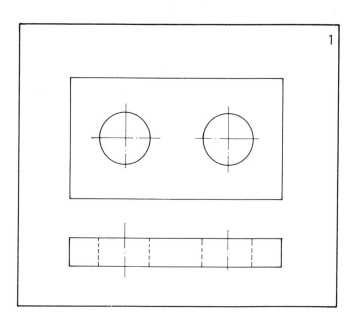

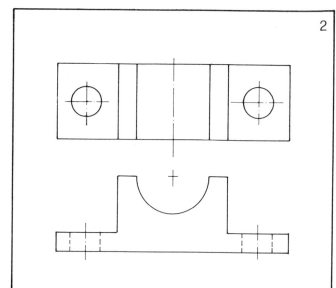

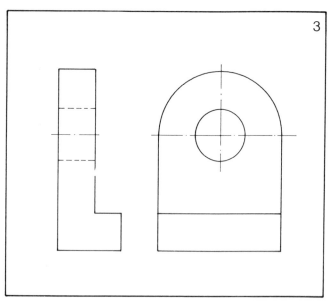

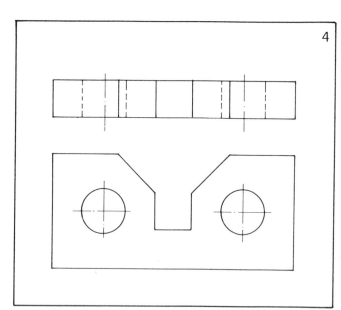

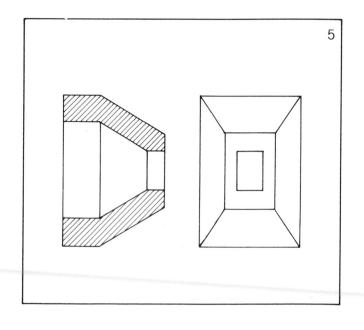

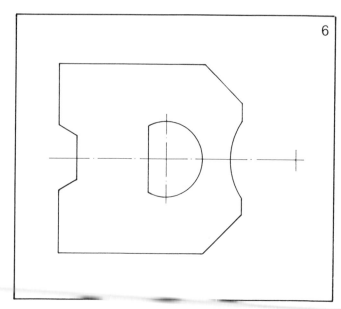

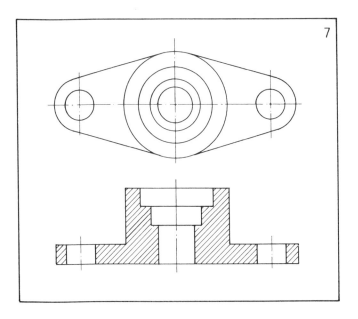

7

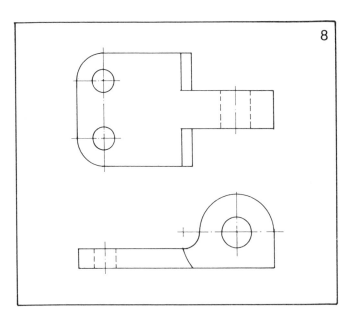

8

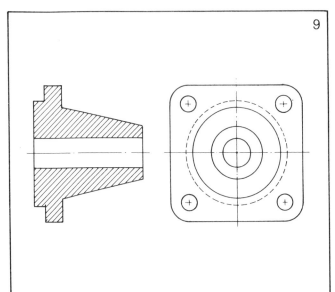

9

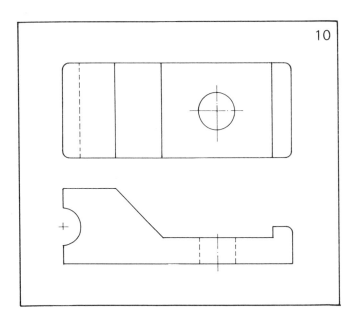

10

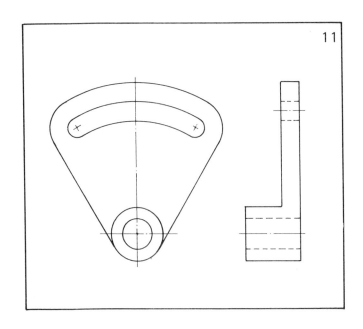

11

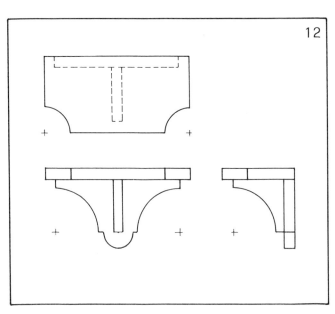

12

8. 剖 面 視 圖

8‧1 剖面的定義

　　當物體的內部非常複雜,或由多個元件組成時,其正投影圖如以虛線表示隱蔽部份,則容易造成視圖之混亂(圖❶),為將物體做正確描述,而假想割開其內部,使之顯露(圖❷),稱為剖面視圖其投影原理採正投影,配合三視圖表示。

8‧2 剖面的表示法

　　剖面視圖是一種虛構面,用以表示物件作剖面時的剖切路徑與結果。剖面視圖須有割面線及剖面線,其表示法分述如下:

①割面線:各國的畫法不一(圖❸),但皆以鏈線、箭頭及字母表示剖切的位置及方向,必須能在圖上查證出(圖❹),如剖切位置甚為明顯時,割面線可以省略(圖❺)。

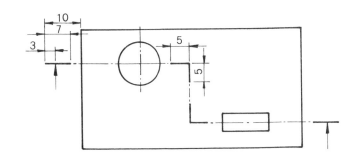

各國標準	畫	法
ISO		
CNS		
DIN		
JIS		
ASA		

圖3

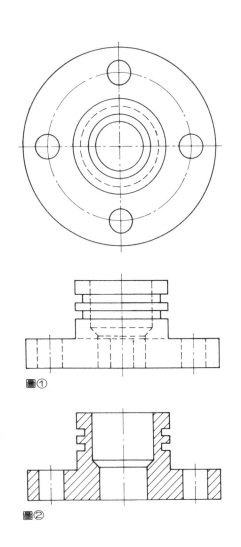

圖①

圖②

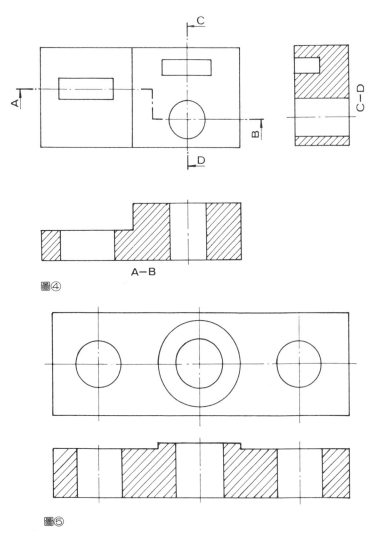

A-B

圖④

圖⑤

91

⊖剖面線：爲傾斜 45° 均勻排列的細實線，用以表示物件
剖切後實體的部份（圖❻），其間隔依剖面大小決定，切
勿過密、過粗或畫成粗線條（圖❼），如剖切的部份爲一
薄片，則以塗黑表示（圖❽）；如爲大件之剖面，則只要
在輪廓內畫上局部剖面線即可（圖❾）。當剖面有相鄰之
部份則可用ⓐ角度（圖❿），ⓑ疏密（圖⓫），ⓒ符號（
圖⓬），加以區分。剖面線之方向，應避免與視圖之輪廓
線平行（圖⓭）。

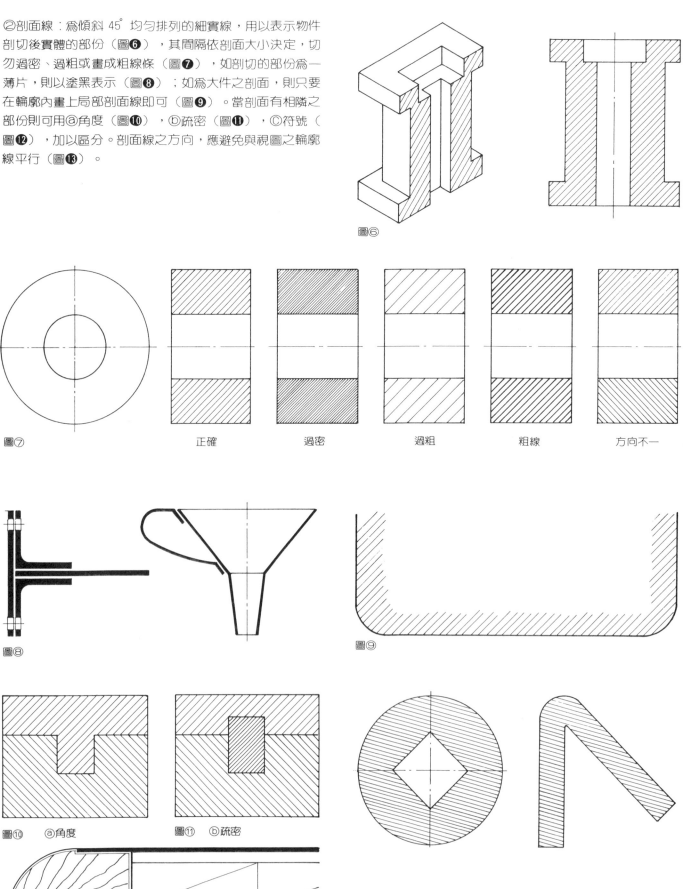

圖❻

圖❼　　　　正確　　　　過密　　　　過粗　　　　粗線　　　　方向不一

圖❽　　　　　　　　　　　　　　　　圖❾

圖❿　ⓐ角度　　　　圖⓫　ⓑ疏密

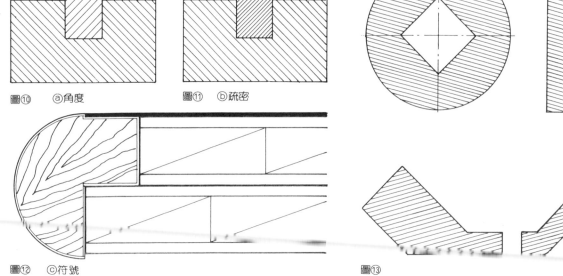

圖⓬　ⓒ符號　　　　　　　圖⓭

8・3　剖面的類型

剖面視圖有很多種不同的類型，其名稱係依剖面的性質而命名，但在圖上並不表示出來，與正投影不標示俯視、前視、側視等圖名道理相同。其類型分述如下：

①全剖面：割切面完全跨越物件，其最終視圖為一完全剖面；其割切面可直線通過（圖⑭），也可偏移以包括須要剖切的部位（圖⑮），但其割切方向的變更，並不在剖面視圖上表示，也無邊線存在。

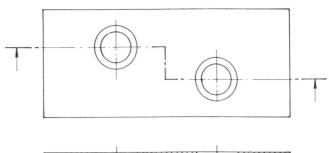
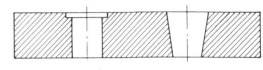

圖⑮

圖⑭　全剖面

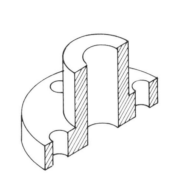

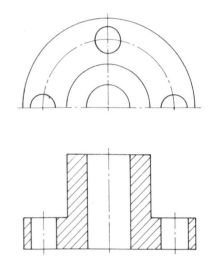

②半剖面：為假想之切割面，沿對稱物體之中心線，切割四分之一，表現一半剖面，一半正常外形之視圖（圖⑯）。半剖面之內外形分界，以中心線分隔，不可畫實線（圖⑰）；半剖面之俯視圖可省略一半，但須畫出後半部，不可畫前半部（圖⑱）；半剖面的優點是可將物件的外形與內部表現於同一視圖中。

圖⑱

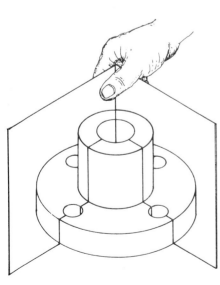

圖⑯　半剖面

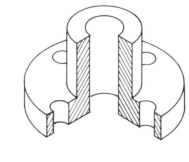

圖⑰　錯誤

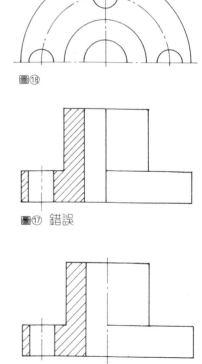

93

③斷裂剖面：割切面僅割切至所需表示內形部位，以斷裂
線限定剖面線範圍之視圖（圖⑲）。

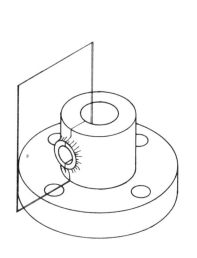
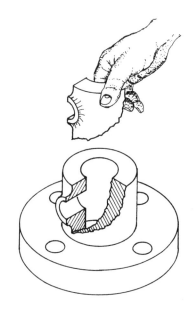
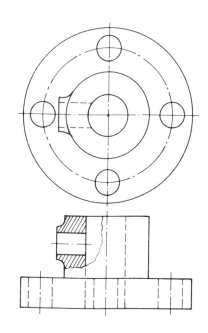

圖⑲　斷裂剖面

④旋轉剖面：將割切面直接於原視圖上旋轉 90° 之視圖（
圖⑳）。當視圖之輪廓與剖面互生干涉時，可將視圖斷裂
（圖㉑）。

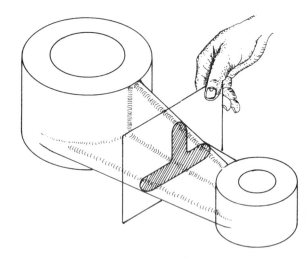

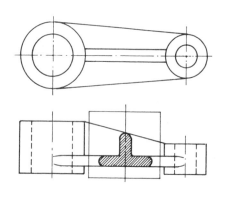
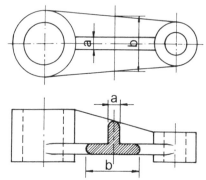
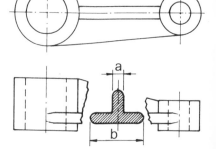

圖⑳　旋轉剖面

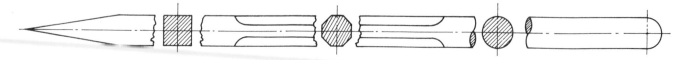

圖㉑

㈤移出剖面：將旋轉剖面移出視圖外，稱之為移出剖面（
圖㉒），如剖切之部位不明顯，應以字母標明割切面（圖
㉓）。

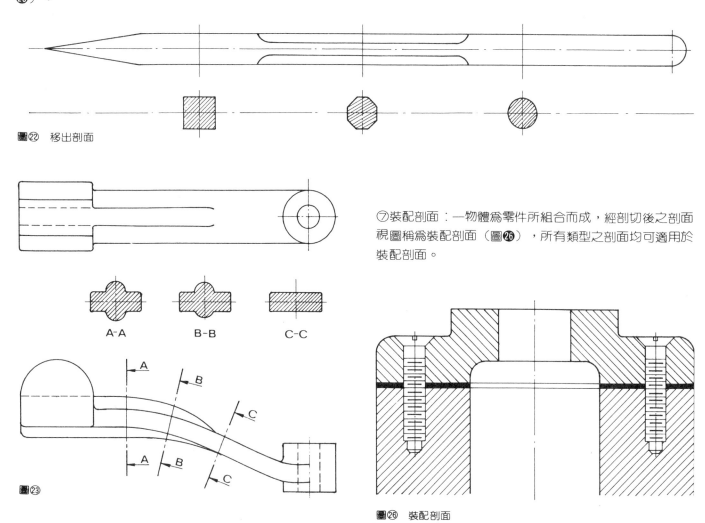

圖㉒　移出剖面

A-A　　　B-B　　　C-C

圖㉓

㈦裝配剖面：一物體為零件所組合而成，經剖切後之剖面
視圖稱為裝配剖面（圖㉖），所有類型之剖面均可適用於
裝配剖面。

圖㉖　裝配剖面

㈥輔助剖面：割切面割於輔助視圖上之剖面視圖，稱之為
輔助剖面（圖㉔），一切剖面之類型在輔助視圖上均被採
用（圖㉕），此類剖面處於輔助圖，也可稱移出剖面。

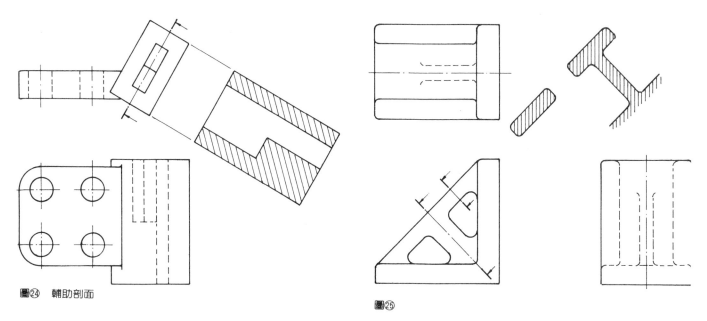

圖㉔　輔助剖面

圖㉕

8‧4 剖面視圖之習慣作圖法

所有剖面均為習例，用以表示想像之割切，剖面視圖之作成，需遵守正投影原理，但如為能更精確描述物體，則即使違背投影原理，也被認為是好的方法。將幾種習慣作圖法，分述如下：

①不剖切之件：許多物體之元件，並無內部構造，加上外形容易分辨，且常位於剖面上，如加以剖開，畫上剖面線，反而難以辨認其外形，所以此類圖形應保其原貌，不予剖切（圖❷）。

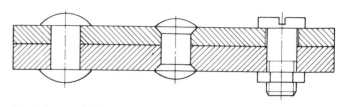

圖❷　不剖切之件。

②輻與臂之剖面：環形零件上任何不連續環繞於軸之元件，應不畫剖面線（圖❷），如具有實體之輻板以連接輪轂及輪緣者（圖❷），則應畫剖面線。比較❷、❷兩圖。

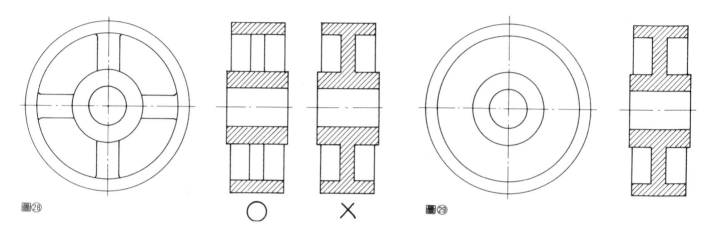

圖❷　　　　○　　　　✕　　　圖❷

③肋之剖面：剖面中之肋，剖切面應止於肋前（圖❸），為避免誤認為錐形（圖❸）。

④耳之剖面：物件之小耳或凸耳，通常不加剖面線（圖❸），但兩耳如為圓凸緣時，即可加畫剖面線（圖❸）。

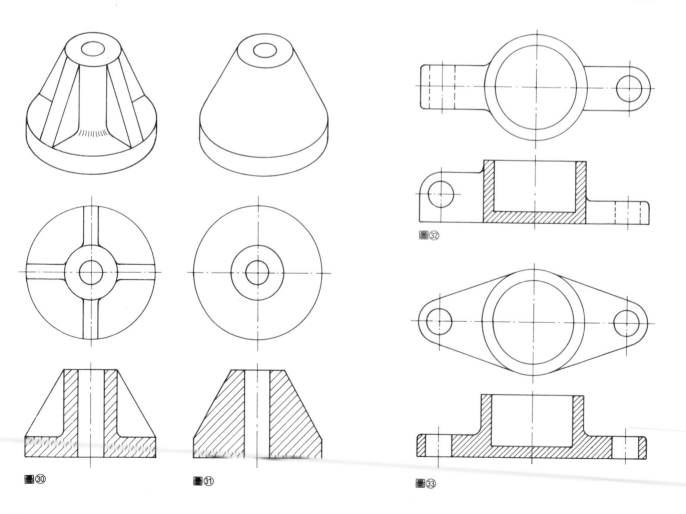

圖❸　　　　　　　圖❸

圖❸

圖❸

⑤對準之肋、耳及孔之剖面：奇數之肋、耳及孔之剖面，
若依實際之投影原則，將導致一不對稱及錯誤之剖面圖（
圖㉞—ⓐ），所以應使其對準（圖㉞—ⓑ），較易識別。

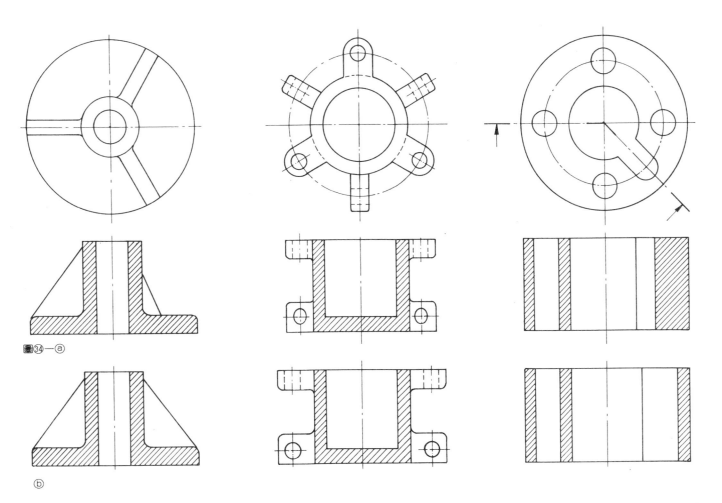

圖㉞—ⓐ

ⓑ

⑥習用斷裂之畫法：畫一長而均勻之桿或物件時，無須將
其整個長度畫出，可將其中間部份斷去，只畫其兩端，以
較大而適當的尺度畫出（圖㉟）。習用斷裂之畫法如圖㊱
所示。

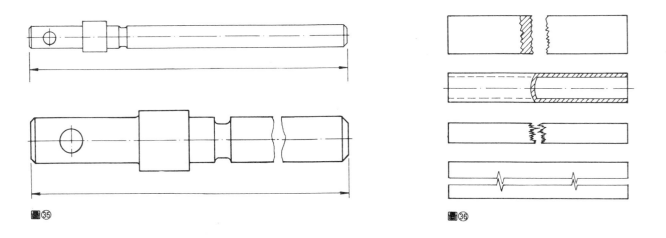

圖㉟   圖㊱

8·4 習題

1. 將下列各正投影視圖，繪其剖面視圖

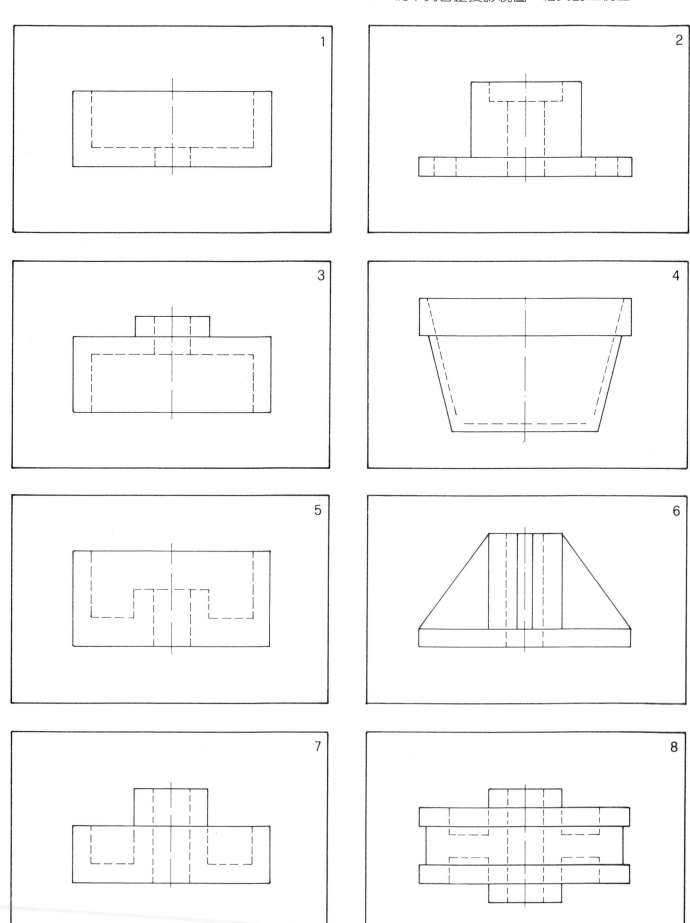

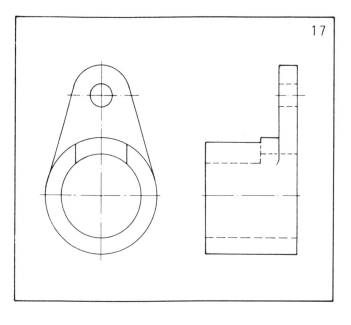

17

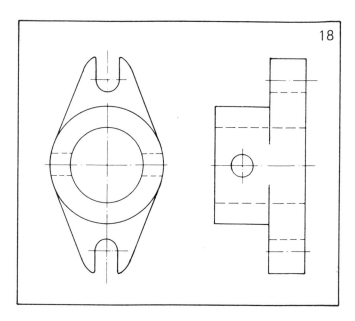

18

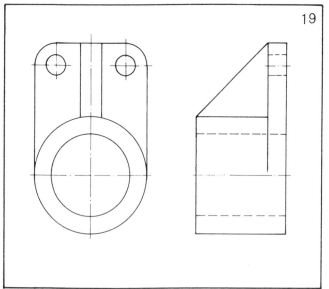

19

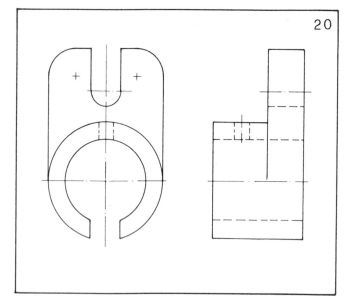

20

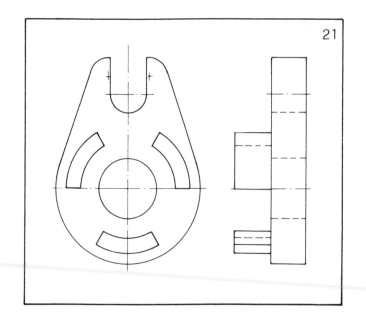

21

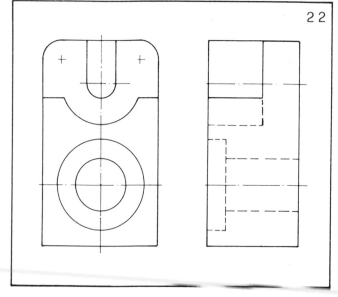

22

23

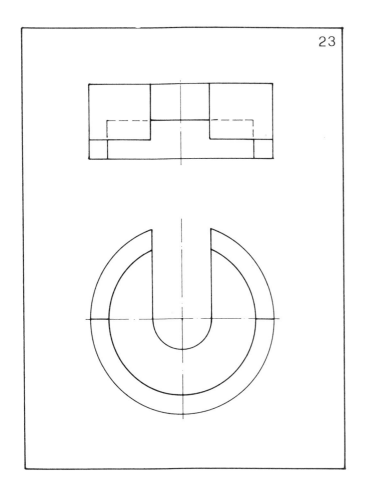

24

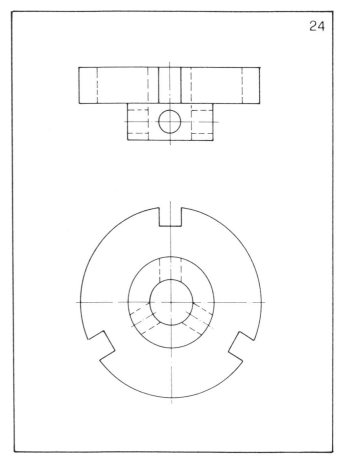

25

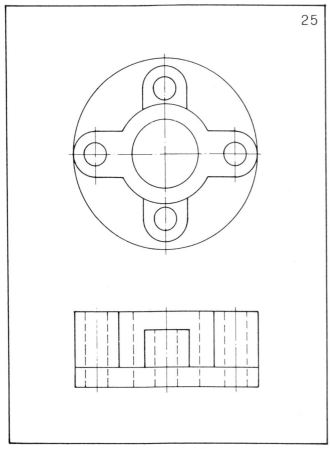

26

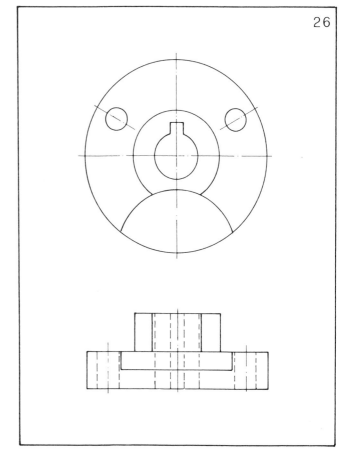

101

9. 輔助視圖

9‧1 輔視圖之概念

在正投影圖法裏，與投影面平行之面，其投影均為真實形狀之視圖，但當物體如有一面或更多面，不與主要投影面平行時（稱之為斜面或歪面），就無法表達其真正形狀、大小（圖❶），為充分表達該物體之斜面或歪面之正確形狀，就假設有一輔助投影面，平行該斜面或歪面，其投影圖即為輔助視圖（圖❷）。亦可稱為法線視圖。

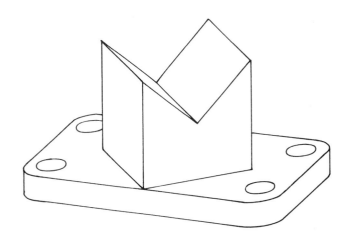

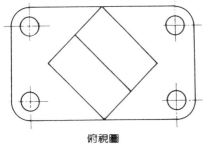

俯視圖

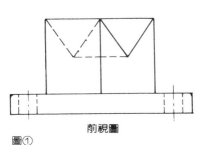

前視圖

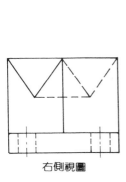

右側視圖

圖①

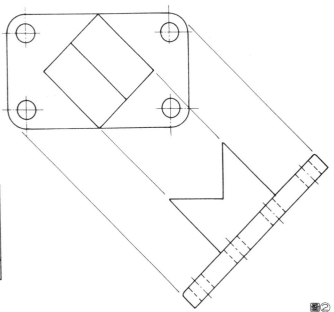

圖②

9‧2 面之分類

物體的面依與投影面的關係（圖❸），可分(a)正視面（每面皆與投影面對正）(b)斜面（陰暗面與兩主投影面成角，與另一投影面垂直），(c)歪面（陰暗面與三主投影面均成一角）。

（a）正視面

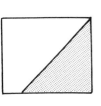
（b）斜面

（c）歪面

    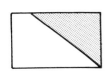

圖③

9・3 斜面與歪面之輔視圖

斜面的輔視圖稱為單輔視圖，歪面的輔視圖稱為複輔視圖，將兩種畫法分述如下：

①單輔視圖：畫單輔視圖的目的在求斜面的真正大小，因此假設有一輔助投影面與斜面平行，與正視面垂直（圖❹），沿摺線將輔面展開（圖❺），即得輔視圖（圖❻），若將圖❻之摺線移靠物體，視為基準面（圖❼），則求輔視圖就更為容易；若物體為對稱，基準面可取在物體之中間（圖❽）。

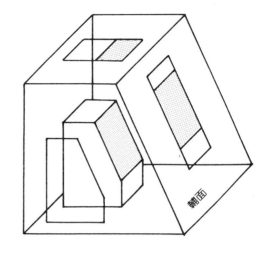

圖❹

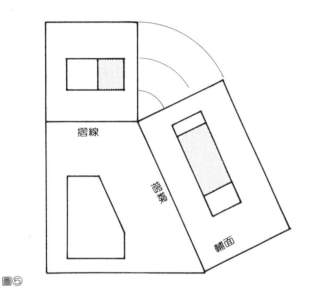

圖❺

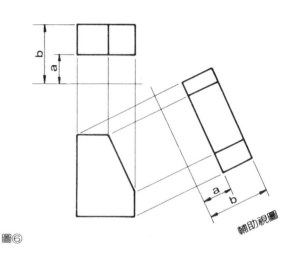

圖❻

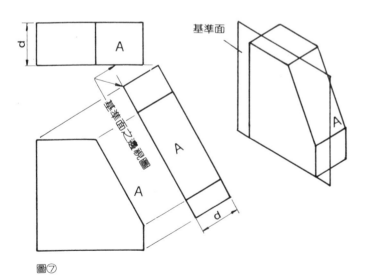

圖❼

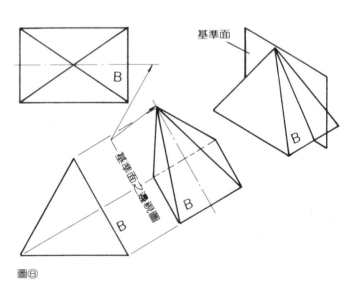

圖❽

104

②複輔視圖：複輔視圖在表達歪面之眞實形狀，而歪面爲對所有主投影面皆成角度之面，在主投影面上均不顯示其實形，欲求其眞實形狀，必須先求出可表示該歪面的邊視圖後，再由此邊視圖的稜線之垂直方向求出該歪面的眞實形狀。其作法如圖❾所示，在上視圖及正視圖的ＢＣＤ爲一歪面，ＢＣ是其上之水平線，在ＢＣ延長線上的適當位置畫一條垂直ＢＣ的第一基準面。再由上視圖Ｄ的投影線與正視圖上量取的高度，求得第一輔視圖上的Ｄ點。則可求出ＢＣＤ歪面在斜面平行方向看出的稜線Ａ，接著由稜線Ａ垂直方向引出投影線，然後在適當位置定出第二基準面，再如圖所示，完成歪面之輔視圖。

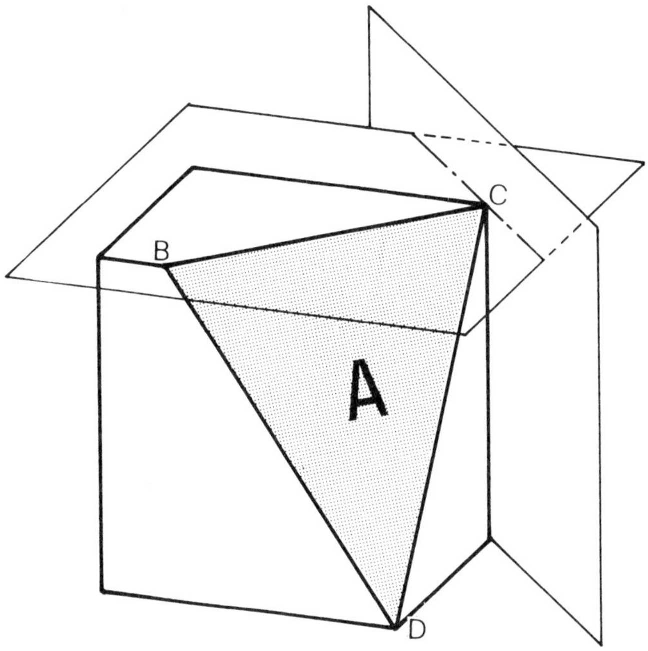

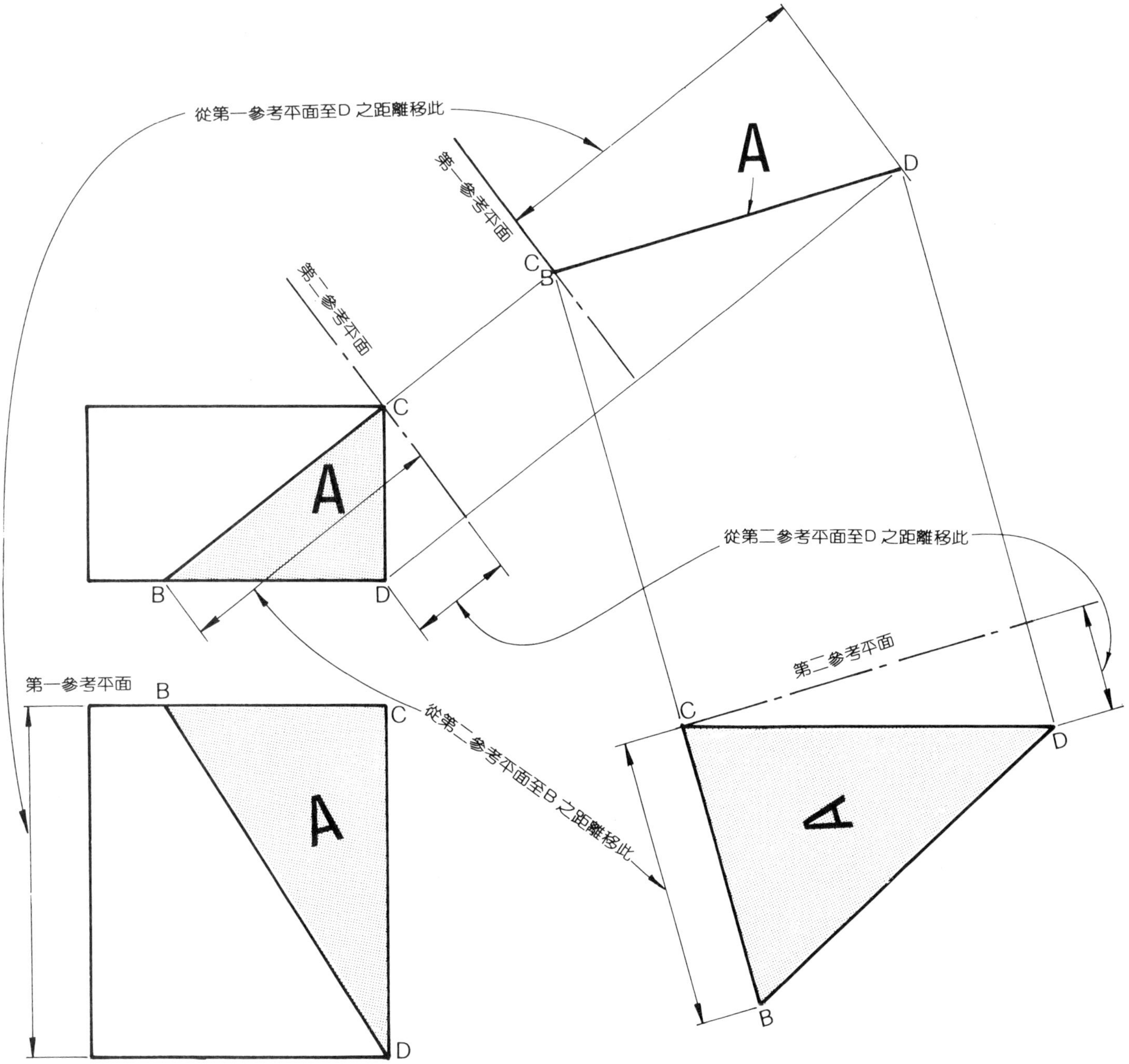

B
C
A
D

從第一參考平面至D之距離移此
第一參考平面
A
D
C
B
第二參考平面
C
A
B
D
從第二參考平面至D之距離移此
第二參考平面
第一參考平面
B
C
A
D
從第二參考平面至B之距離移此
C
D
A
B

圖⑨

9・4 圖臺之回轉

圖⑩(a)示一物體之俯、前、輔三視圖。(b)則爲將(a)右旋至輔視圖與前視圖均成水平之位置，其各視圖仍與(a)完全一樣，但各名稱則須更改。所以輔助視圖與其他任何視圖，基本上完全一樣。

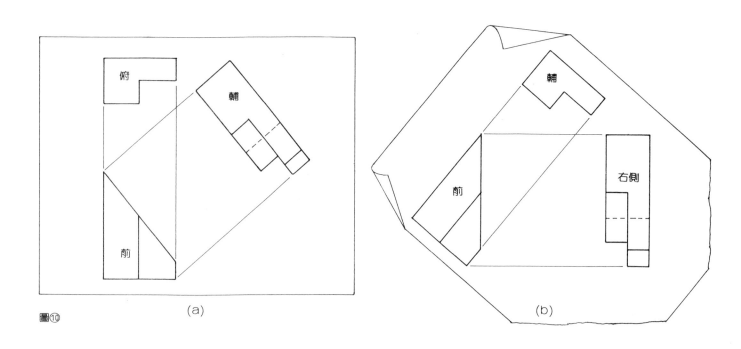

圖⑩   (a)   (b)

9・5 曲線之點繪

圖⑪(a)示橢圓形之求法：由右側視圖上之1・2點，投影至前視圖，再由前視圖投影至輔視圖上之1・2點。橢圓之短徑，等於側視圖上圓之直徑。前視圖左端之圓，在輔視圖上亦爲橢圓，其長徑等於圓之直徑。(b)示斜面實形求法，點繪作法與(a)相似。

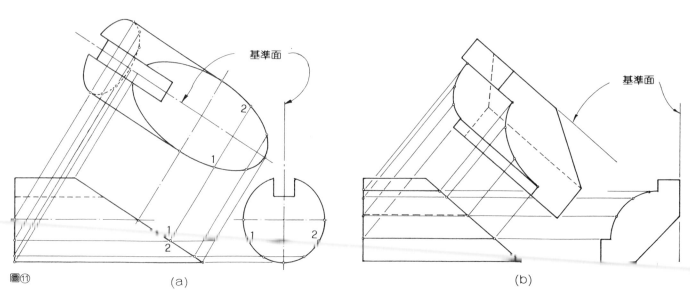

圖⑪   (a)   (b)

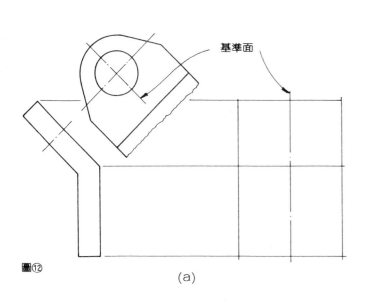

基準面

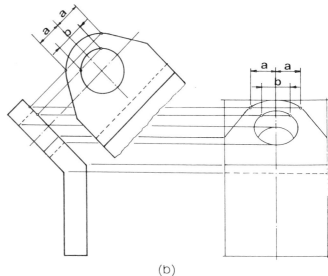

圖⑫

(a)

(b)

9・6 逆轉作法

有時要完成前視圖，必須先作一輔視圖，如圖⑫(a)先由左側視圖作輔視圖，(b)再由點投影至前視圖，完成(c)之前視圖。

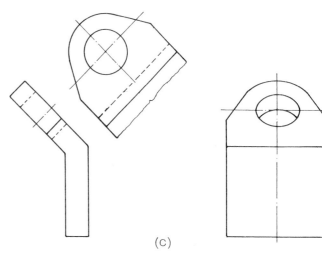

(c)

9・7 部份輔視圖

圖⑬(a)表示一完整之視圖，此種視圖，不但繪之費時，而且識圖不易。唯有如(b)採用部份正規視圖及部份輔視圖，才能使繪圖簡化，且閱圖容易。

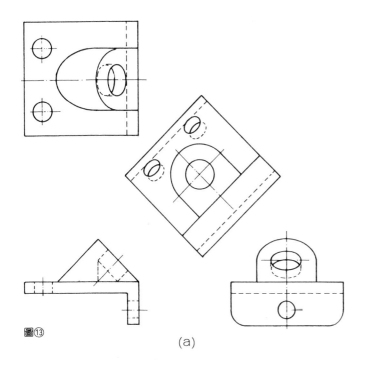

圖⑬

(a)

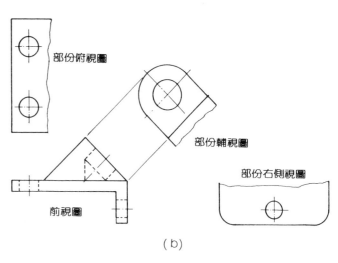

部份俯視圖

部份輔視圖

部份右側視圖

前視圖

(b)

9 · 8 習 題

1. 繪出下列各圖之輔助視圖。

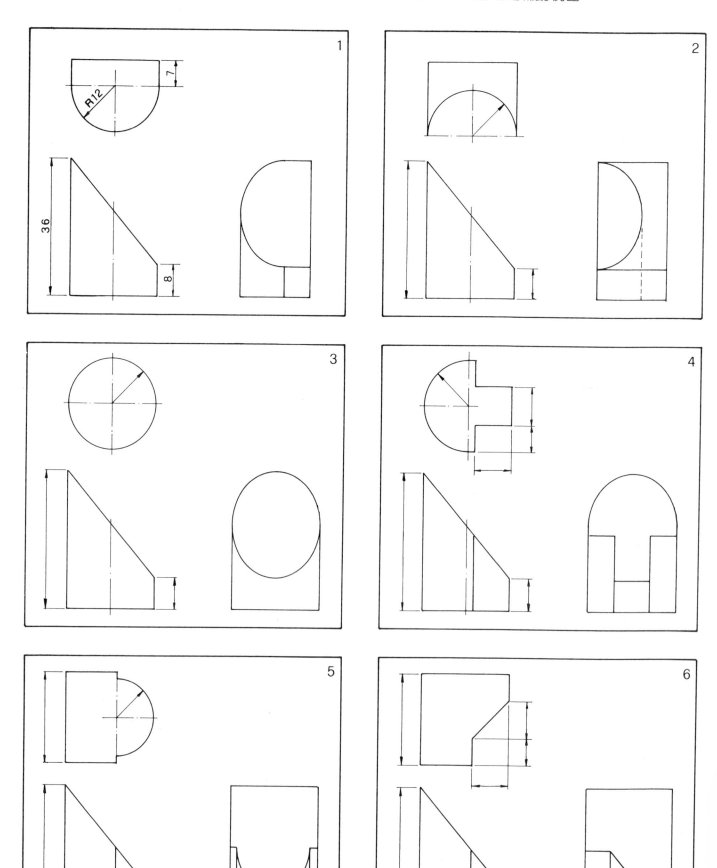

108

2.繪出下列各圖之右側視圖,再繪其輔視圖。

1

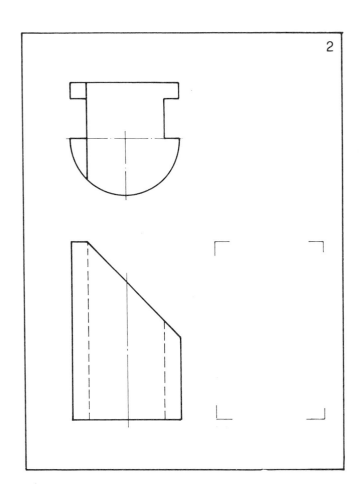

2

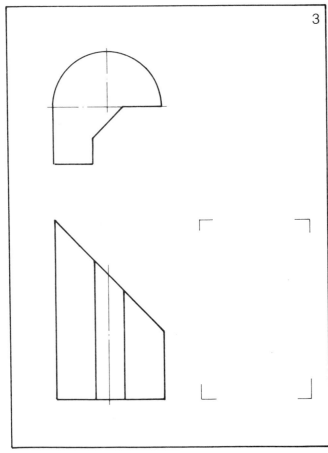

3

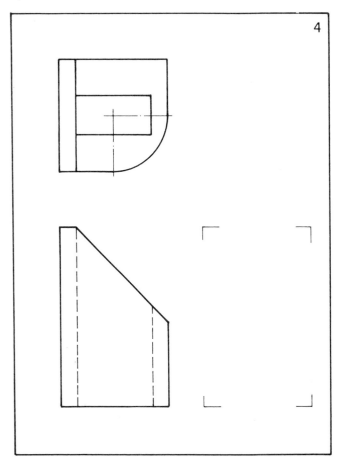

4

10. 展 開 圖

10‧1 展開之概念

將立體之表面,依其實在大小及形狀,展成為一平面,稱之為展開。此圖形稱之為展開圖,如圖❶所示為四種最基本形之展開,此類立體之面可用撓性材料(紙或錫)之薄片平滑包裹著,稱為可展面。具可展面之物體,大都由平面或單曲面構成。而複曲面如球面就不可能完全展開,只能作近似展開。

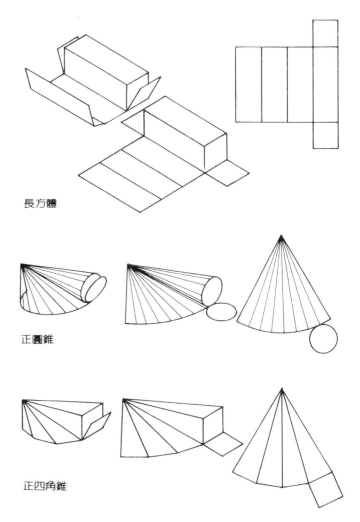

長方體

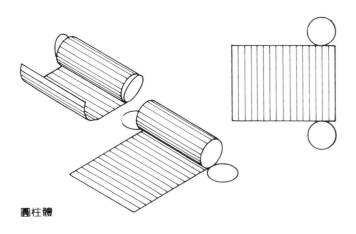

圓柱體

正圓錐

正四角錐

圖①

10‧2 展開作圖法

物體之展開圖作法,因物體面的性質而有所差別,可分三種作法:(1)平行線法——適合於角柱、圓柱。 (2)放射線法——適合於正角錐、正圓錐。 (3)三角形法——適合於斜圓錐、斜角錐、複曲面體。將常用之物體展開圖法分述如下:

①截六角柱之展開(圖❷):已知截六角柱如(a),其正投影如圖(b)。將角柱之底邊展成一直線A-A。在A-A上量取B、C、D、E、F各點並作垂線,稱為量線,在每條量線上轉量正視圖上之長度A1、B2、C3……等。接著將1、2、3……等各點連接。最後以輔視圖作角柱之上端,即為截六角柱之展開圖。

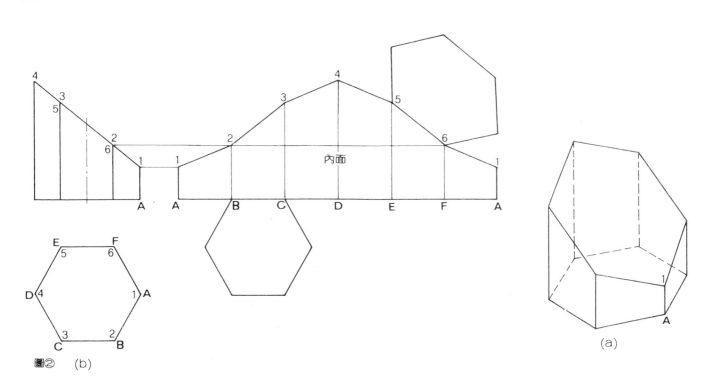

內面

圖② (b)

(a)

②截直立圓柱之展開（圖❸）：已知截直立圓柱如(a)，其
正投影圖如(b)。將圓作若干等分。將等分點投影至前視圖
，為圓柱之素線。將圓柱之底邊展成一直線1－1。在1
－1線上取與圓相同之等分點，並作量線。在每條量線上
轉量相對於前視圖上之素線。最後連接量線之頂點使成為
一平滑曲線，即為截圓柱之展開。

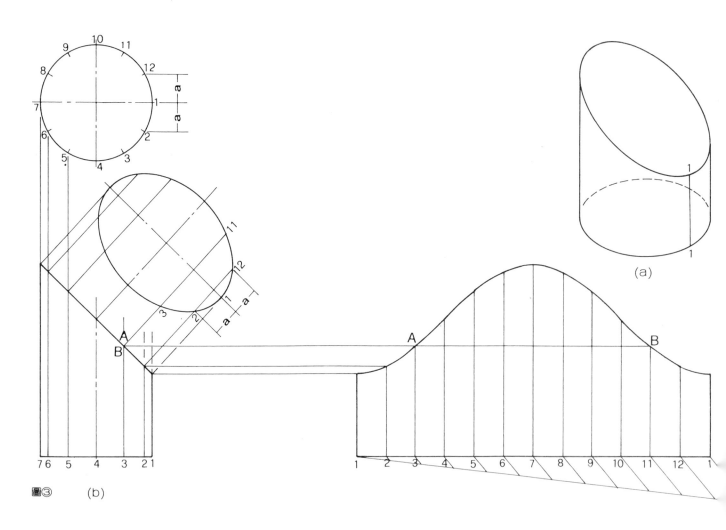

圖❸　　(b)

③三節肘管之展開（圖❹）：已知三節肘管之彎度如(a)、
(b)所示，其正投影圖如(c)，可分成A、B、C三個截圓柱
，利用截直立圓柱展開之作法，即可作出如(d)之三節肘管
之展開圖。

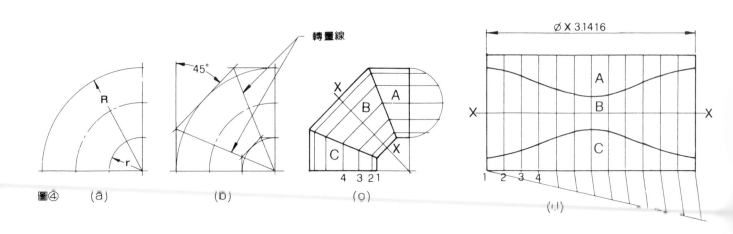

圖❹　　(a)　　　　　(b)　　　　　(c)　　　　　(d)

④直立矩形稜錐之展開（圖❺）：已知直立矩形稜錐如(a)
　，其正投影圖如(b)，由於其稜線並不平行於投影面．所以
　須將稜線旋轉，求稜線之實長Ma′。在視圖旁任取一點
　M′為圓心，Ma′為半徑畫弧。在圓弧上，分別以稜錐之
　底邊各邊長為半徑，連續取四段弧，得A′、B′、C′、
　D′、A′各點並連接，即為直立矩形稜錐之展開圖。

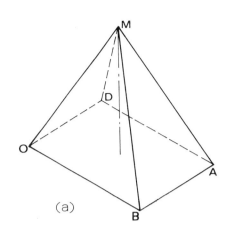

(a)

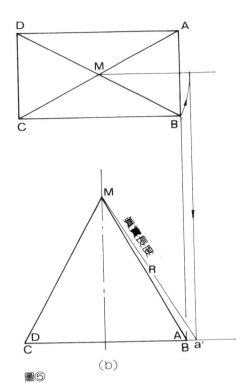

圖❺　　　　(b)

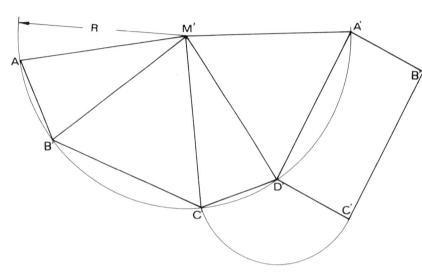

⑤截直立圓錐之展開（圖❻）：已知截直立圓錐如(a)，其
　正投影如圖(b)，將俯視圖之圓周等分。以 M′為圓心，M
　A 為半徑畫弧。再以圓周等分之弦長為半徑，在A′A′上
　取相同等分點，A′M′A′，即為圓錐之展開，再以M′為
　圓心MC為半徑畫弧，A′A′C′C′即為截直立圓錐之展
　開圖。

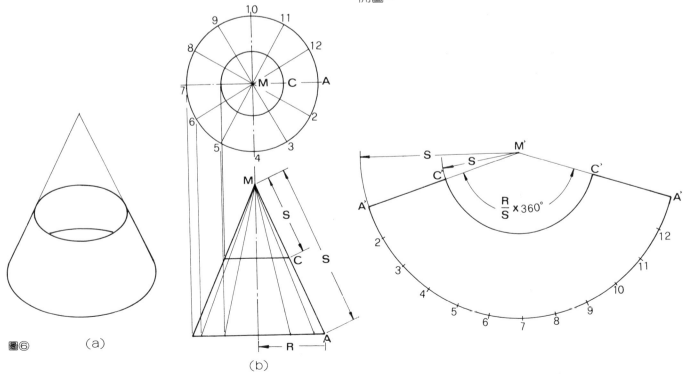

圖❻　　　(a)　　　　　(b)

⑥變形接頭之展開（圖❼）：變形接頭為連接橫剖面形狀不同之管路，如圖❽。其展開為利用三角形法之近似展開。 作法如下：（圖❼）：已知變形接頭如(a)，其正投影如圖(b)，將俯視圖之圓作若干等分，可知此接頭由四個三角形及四個部份斜錐所構成。三角形之底邊為矩形之四邊，斜錐之底為圓之四弧，各頂點在矩形的四角上。求各斜錐素線之真長。依次將四個三角形及四個斜錐組合，即為所求。

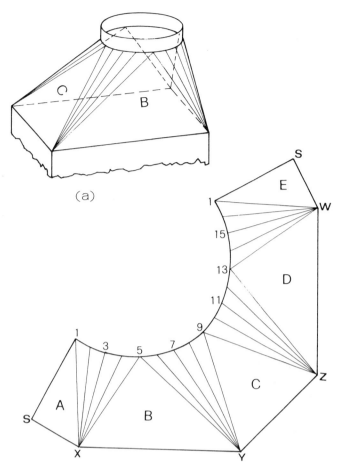

(a)

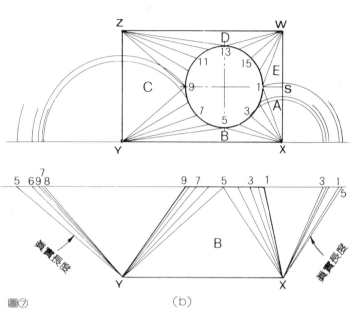

圖⑦   (b)

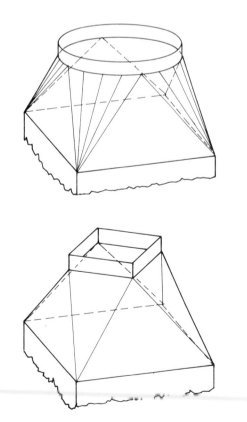

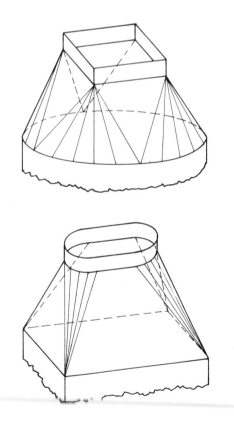

圖⑧

114

⑦球面之展開（圖❾）：球面爲複曲面，其展開爲近似展開。已知球面之正投影如(a)，將仰視之圓周12等分。將前視圓之上半球任意分成a、b、c三段，再將切口投影於仰視圖之中心線上，依此投影點作同心圓，可得d、e、f三弧。將圓周展成一直線並分成12等份，每一等份爲d。最後如(b)，將a、b、c、e、f對應排列，連接d、e、f各端點成一平滑曲線，重複12單元，即可求出球面之近似展開。

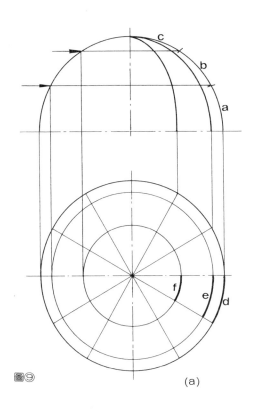

圖❾

(a)

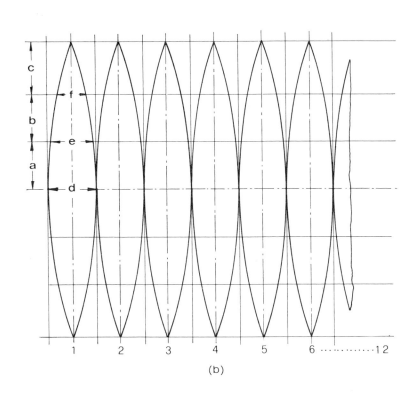

(b)

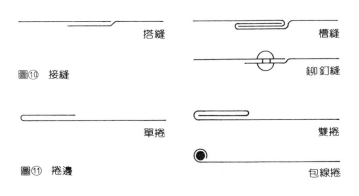

搭縫

槽縫

鉚釘縫

圖⑩　接縫

單捲

雙捲

包線捲

圖⑪　捲邊

10・3　接縫捲邊與缺口

在展開之實際工作上，爲使展開之物體得以接合，展開圖需預留接縫，接縫儘量留在短邊，常見的接縫有搭縫、槽縫與鉚釘縫，形式又有很多種如圖⑩。　展開之物體如由薄片材料製成時，爲了除去薄片之尖口及增加物體的強度與美觀，常需要在其開口的邊緣，加以捲邊。　用的捲邊有單捲、雙捲及包線捲邊如圖⑪。作包線捲邊時，須預留2.5倍線直徑之長度，以備捲於線外。　展開之物體，經捲邊、接縫到成形，常會有材料重疊在一起，因此爲避免材料之重疊，常在預留的捲邊或接縫有可能重疊的部份先予截去，即爲缺口。缺口的形式如圖⑫所示。

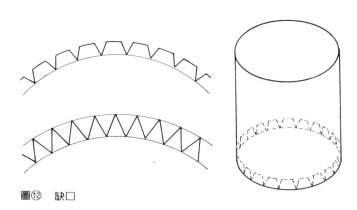

圖⑫　缺口

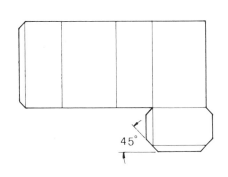

45°

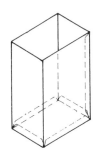

1.　將下列各圖，繪其展開圖。

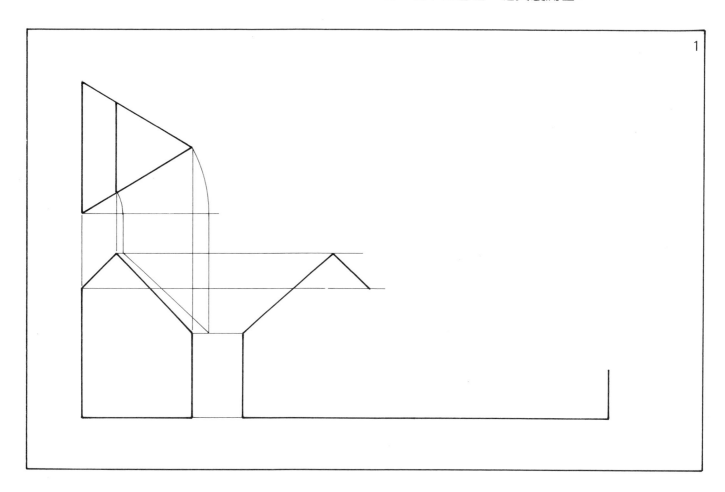

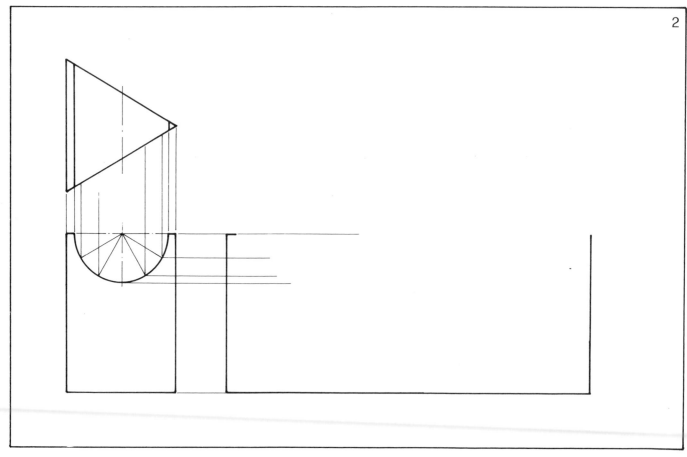

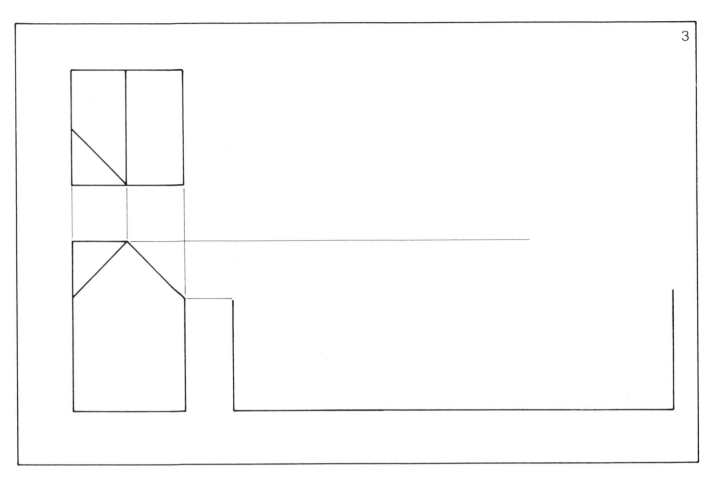

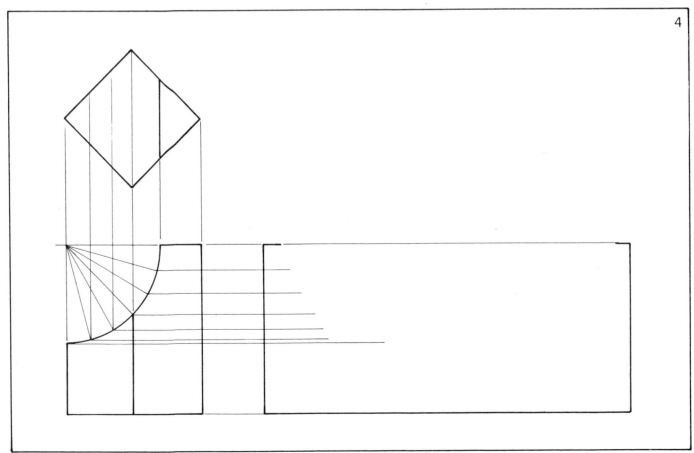

2. 將下列各圖，依所示之尺，先繪其展開圖於西
   卡紙上，然後裁下，做出其模型。（考慮接縫
   、摺邊及缺口）

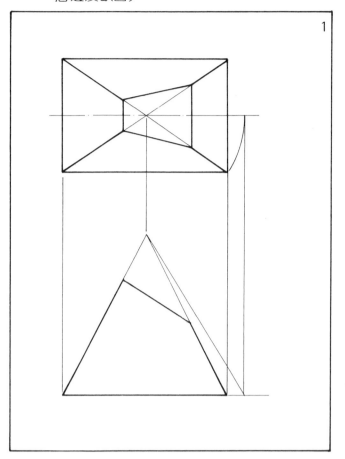

1

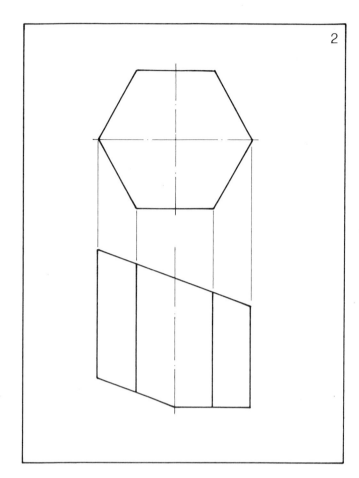

2

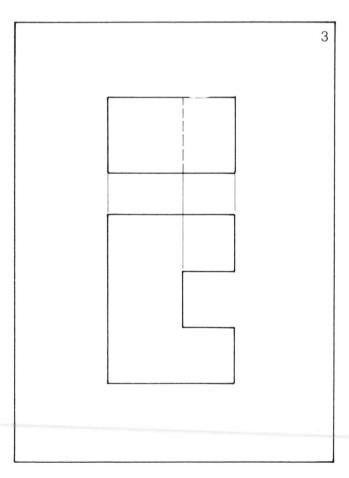

3

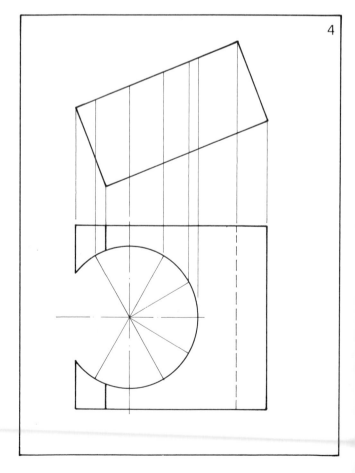

4

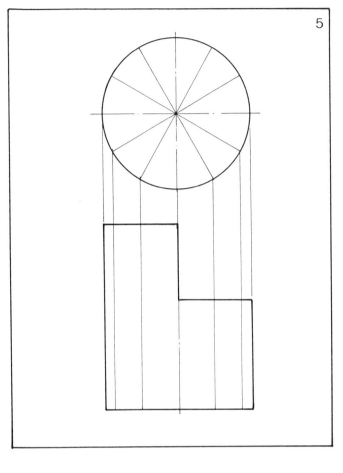

5

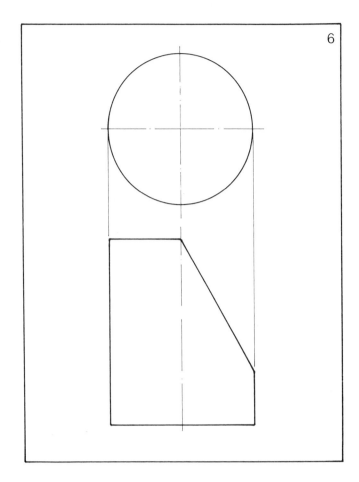

6

7

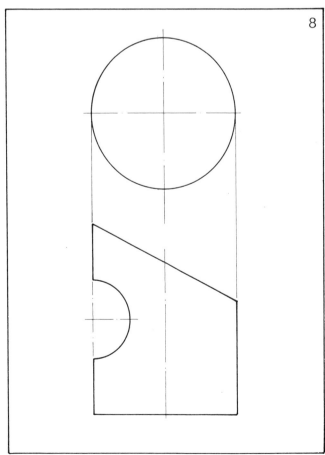

8

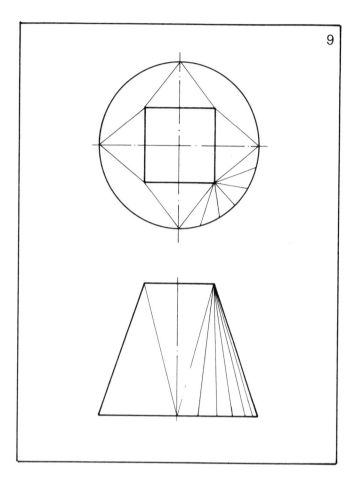

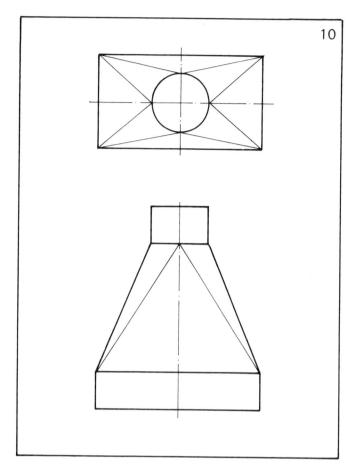

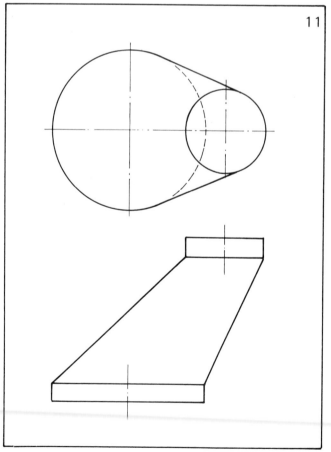

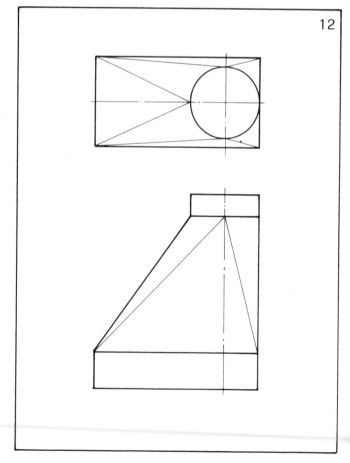

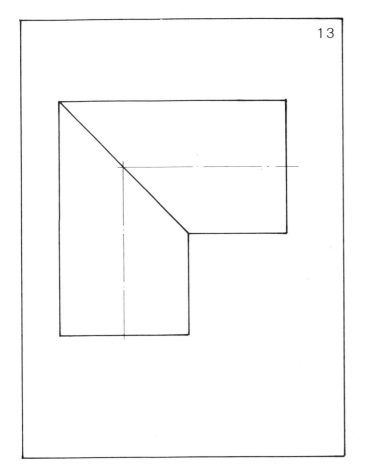

13

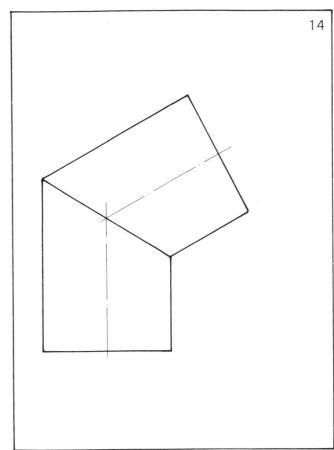

14

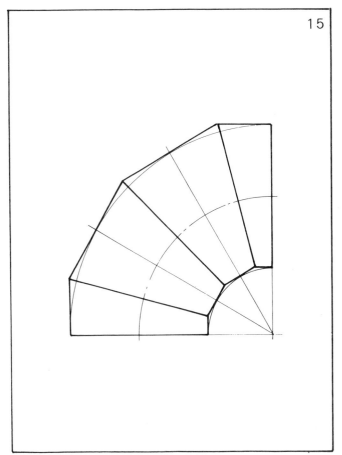

15

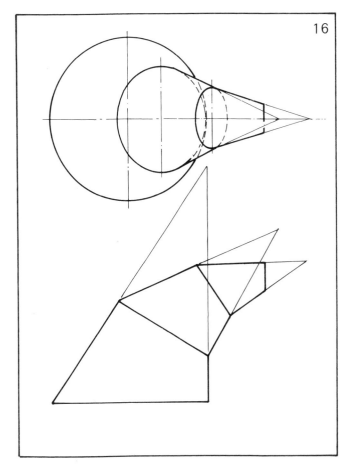

16

11. 交　　線

11・1　交線之概念

　　一條線與一面相交會產生一點（圖❶），兩個面相交則會形成一共有界線即為交線，如圖❷所示。在日常環境中的物體如建築、機械、工藝、日常用品等（圖❸），到處都可看到形體相交所形成的交線。此類的交線在正投影圖裏，因使用目的不同，而有兩種不同的表達方式，一是習用交線（圖❹），用於真實之交線投影無助於視圖之說明，甚至會產生誤解時，通常表現於內圓角、外圓角或轉角。　二是描點交線（圖❺），用於目的在加註尺寸或面之展開，交線必須精確定出時。本章所要介紹的就是描點交線。

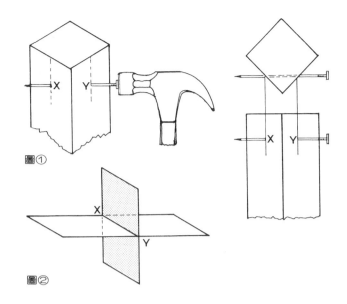

圖❶

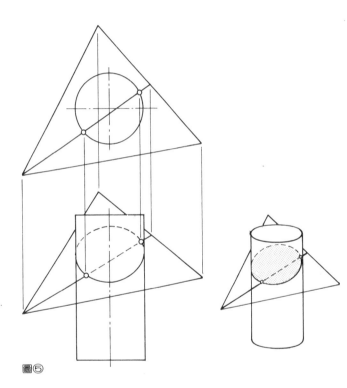

圖❷

圖❸

圖❺

● 習用交線

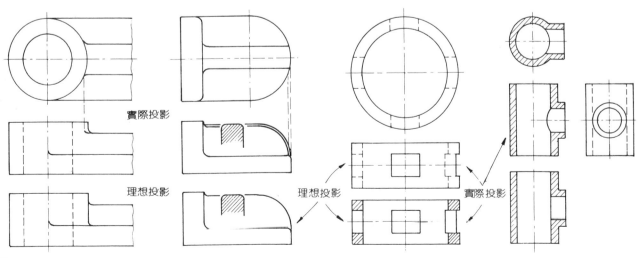

實際投影

理想投影

理想投影

實際投影

圖❹

11 · 2　交線作圖法

　　前節提到之描點交線，即為重覆找出交線位置上的點
，加以連接即成交線的作法。為了找出點的位置，常假設
一投影面為同時切過兩相交物體之共同切面，由共切面之
投影，可以找到交點上點的位置，如圖❻所示，為交線作
法的基本原理。　將幾種常見立體相交之交線作法，分述
如下：

①兩直四角柱相交（圖❼）：兩直四角柱相交如(a)。先作
其三視圖(b)，利用投影相對之關係，可找出 1、2、3、
4 點，加以連接即為交線。利用此一交線，即可求出兩直
四角柱之展開圖，如(c)、(d)。

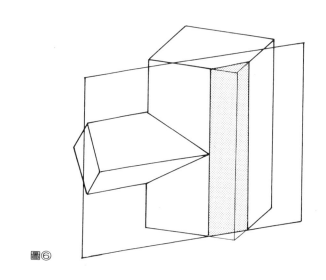

圖❻

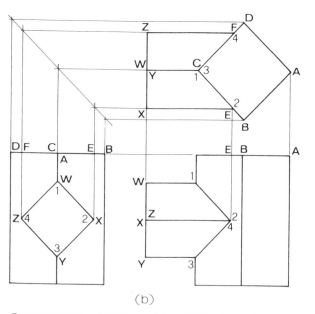

(b)

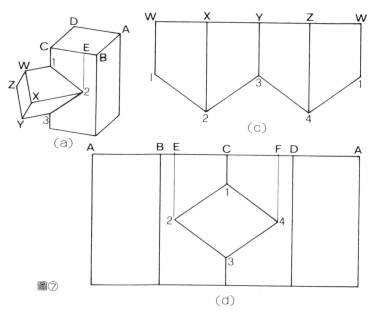

(a)

(c)

(d)

圖❼

②兩圓柱相交（圖❽）：兩圓柱相交如(a)。作其三視圖如
(b)，將圓12等分，從右側視圖可求出交線上 A、B、C、
D 點，將此四點投影至前視圖，並連接成平滑曲線，即成
交線。其展開則如(c)之作法。

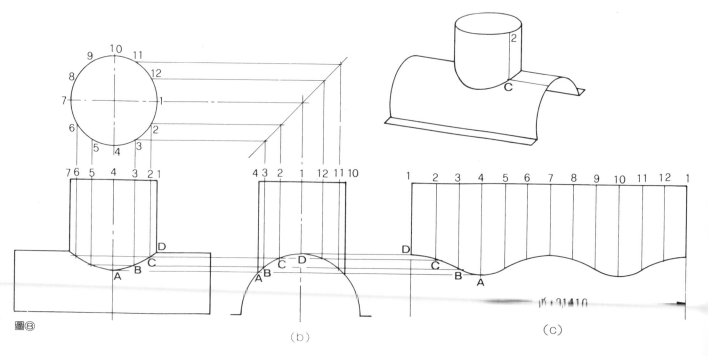

圖❽

(b)

(c)

③直四角柱與圓柱相交（圖❾）：直四角柱與圓柱相交如(a)，假設一垂直共切面將此立體切割成如(b)，則從前視方向可找出交線上A、B兩點如(c)。利用此一原理，將此立體作幾個共切面如(d)，依投影原理，可求出數個交點，將以連接成平滑曲線，即為交線。

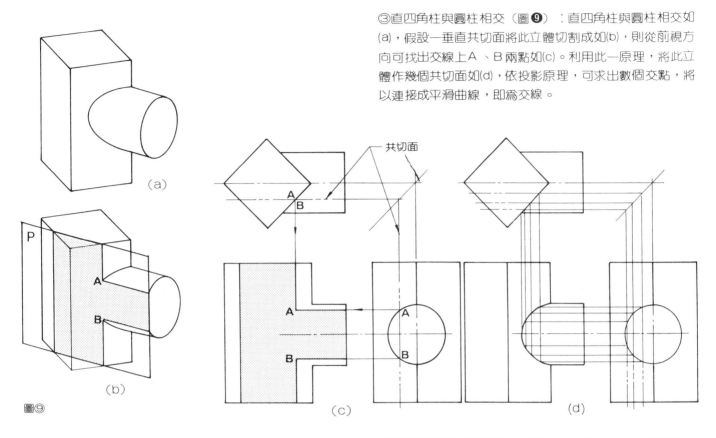

圖❾

④兩圓柱斜交（圖❿）：兩圓柱斜交如(a)。和圖❾原理一樣作共切面如(b)，可看出交線上X、Y點。利用此一原理，在三視圖上作若干之共切面如(c)。由點的相對關係之投影，可在正視圖上求出交線。其展開和前章圓柱之展開一樣如(d)。

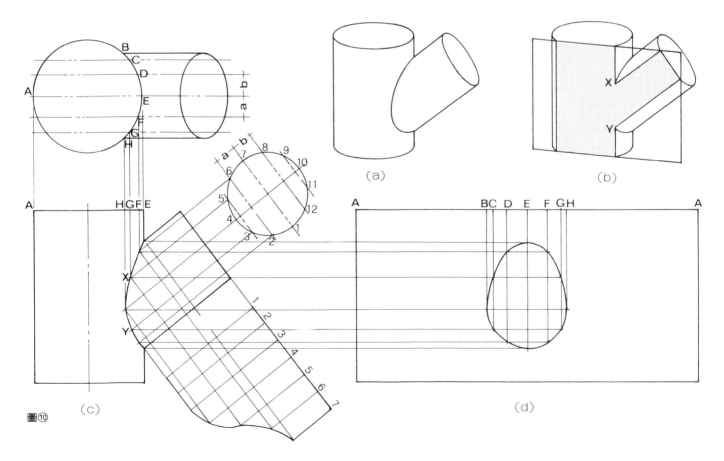

圖❿

⑤直四角柱與方錐相交（圖⓫）：直四角柱與方錐相交如
(a)。利用垂直共切面，求交線上點之投影。作正投影圖如
(b)，由點的相對關係之投影，可求出A、F點，連接即為
交線。

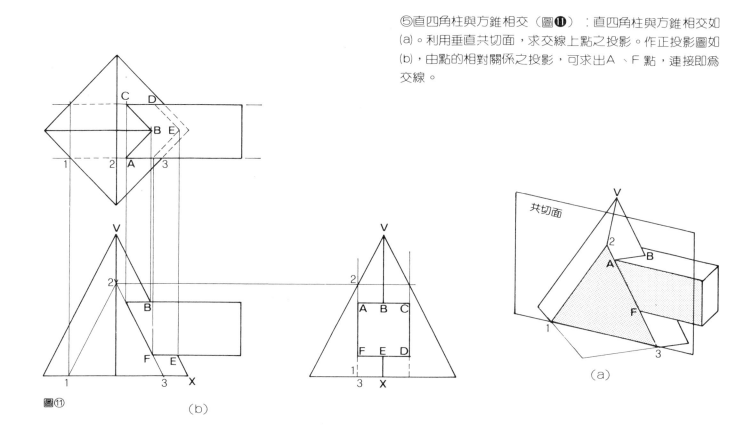

圖⓫   (b)   (a)

⑥圓柱與圓錐相交（圖⓬）：圓柱與圓錐相交如(a)，假設
一共切面由頂點斜切，可看出交線上M、N點。　　利用
此一原理，作其正投影圖如(b)，將錐底16等分。在右側視
圖由頂點至各等分點作斜共切面。依投影原理找出各交點
，連接成平滑曲線，即為交線。交線求出後，以作圓柱及
圓錐展開之方法，即可作出展開圖如(c)。

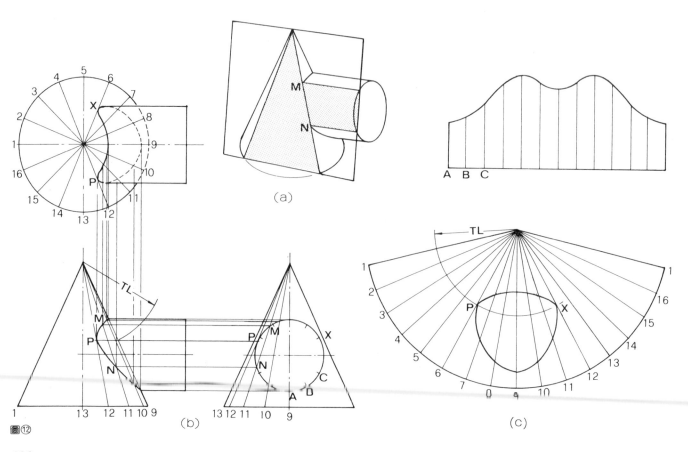

圖⓬   (b)   (a)   (c)

1. 將下列各圖，求其交線，並作 展開圖。

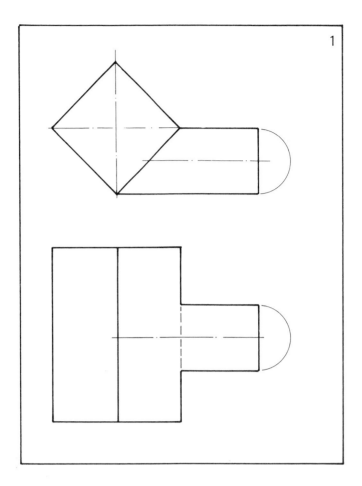

1

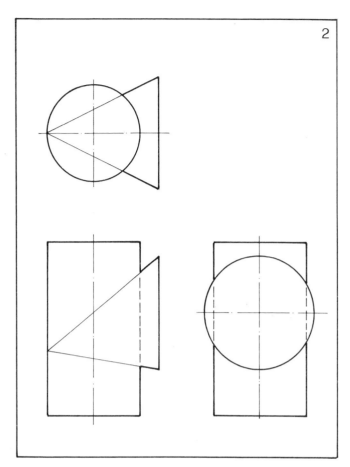

2

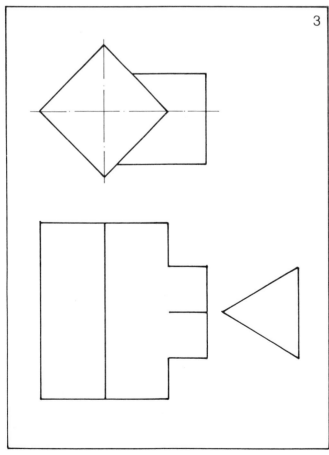

3

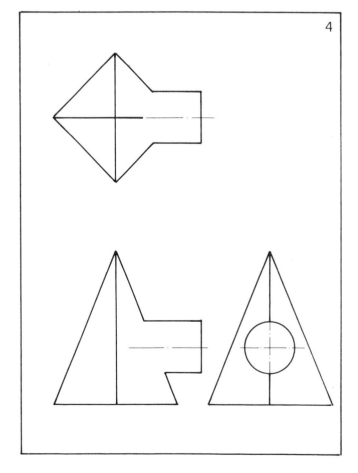

4

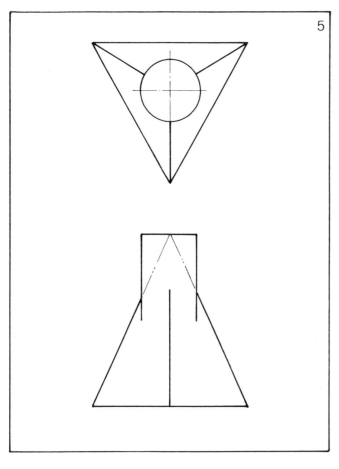

5

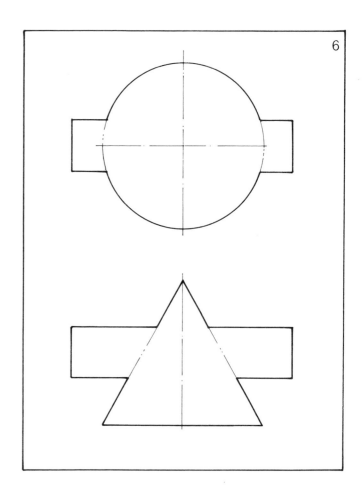

6

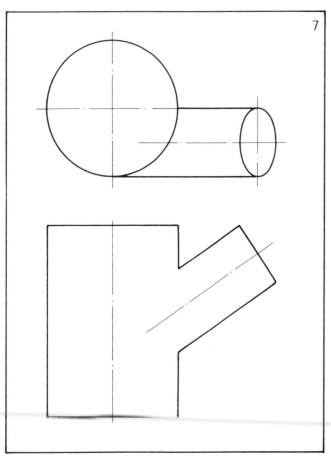

7

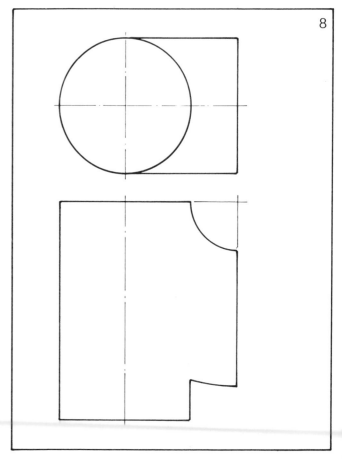

8

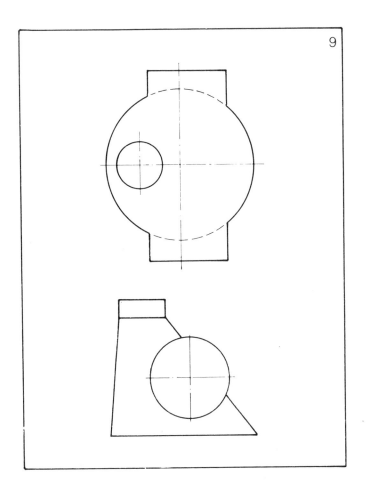

9

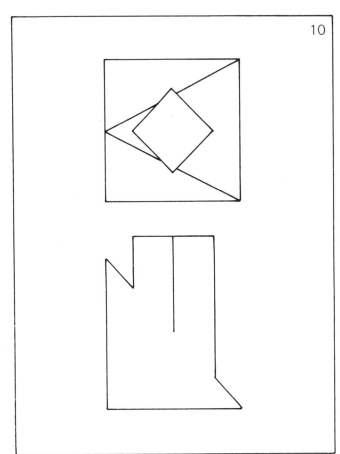

10

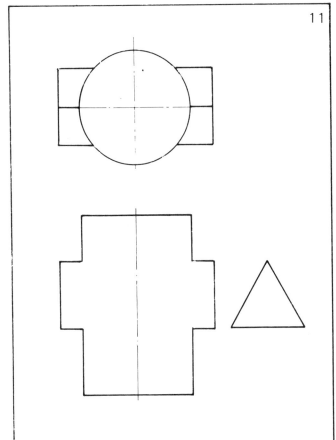

11

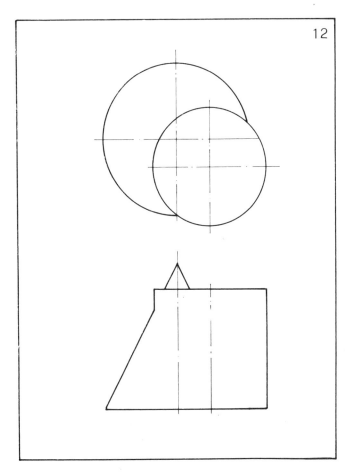

12

● 附錄

12.1 CNS （機械元件習用表示法）

1.1 外螺紋：在前視圖中，螺絲大徑、去角部分及完全螺紋範圍線均用粗實線表示，螺紋小徑用細實線表示，不完全螺紋部分則省略之。剖視圖中，剖面線應畫到螺紋大徑。

在端視圖中，螺紋大徑之圓用粗實線表示，螺紋小徑之圓則用細實線表示，但須留缺口約四分之一圓。此四分之一圓缺口可以在任何方位，一端稍許超出中心線，另一端則稍許離開中心線。如有去角，不畫去角圓，而缺口圓依舊，如圖❶所示。

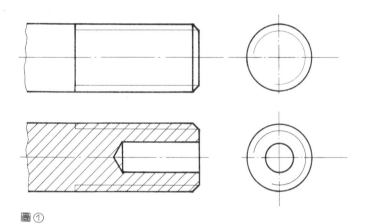

圖①

1.2 內螺紋：在前視剖視圖中，螺紋小徑及螺紋範圍線均用粗實線表示，螺紋大徑則用細實線表示。剖面線應畫到螺紋小徑。在端視圖中，螺紋小徑之圓用粗實線表示，螺紋大徑之圓則用細實線表示，但須留缺口約四分之一圓。此四分之一圓缺口可以在任何方位，一端稍許超出中心線，另一端則稍許離開中心線，如圖❷所示。必要時可在螺孔口加繪去角，如圖❸所示。

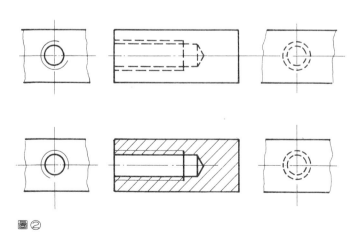

圖②

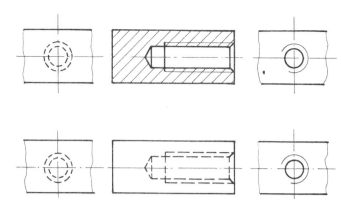

圖③

1.3 內外螺紋組合：在組合剖視圖中，內螺紋之含有螺釘部分其剖面線只畫到螺釘大徑為止，如圖4所示。

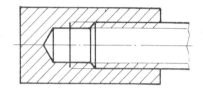

圖④

1.4 螺紋內嵌：螺紋內嵌本身含有一個外螺紋與一個內螺紋。在剖視圖中，除須將所鑽的孔表示出來以外，螺紋內嵌之外螺紋只須畫出其大徑粗實線，內螺紋則依照一般畫法，畫出細實線之大徑與粗實線之小徑（圖5）。

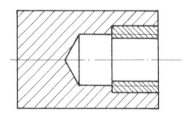

圖⑤

1.5 含有螺紋內嵌之螺紋組合：在組合剖視圖中，螺紋內嵌之剖面線畫法，亦如一般含有螺釘部分的內螺紋剖面線畫法（圖6）。

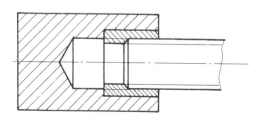

圖⑥

1.6 螺紋標註

1.6.1 螺紋之標稱：螺紋之標稱依CNS4317〔螺紋標示法〕之規定。常用螺紋標稱如表1所示。

螺紋長度之尺度一律以其有效螺紋長度標註之（圖❾）。

螺紋形狀	螺 紋 名 稱	CNS總號	螺紋符號	螺 紋 標 稱 例
三角形螺紋	公制粗螺紋	497	M	M 8
	公制細螺紋	498		M 8 × 1
	木螺釘螺紋	4227	WS	WS 4
	韋氏管子螺紋	495	R	R $\frac{1}{2}$″
	自攻螺釘螺紋	3981	TS	TS 3.5
梯形螺紋	公制梯形螺紋	511	Tr	Tr 40 × 7
	公制短梯形螺紋	4225	Tr.S	Tr.S 48 × 8
鋸齒形螺紋	公制鋸齒形螺紋	515	Bu	Bu 40 × 7
圓頂螺紋	圓螺紋	508	Rd	Rd 40 × $\frac{1}{6}$″

表1 常用螺紋標稱

公制螺紋之符號以"M"表示，其高度、粗細與數字相同，寫在標稱尺度數字前面，不得省略（圖❼）。

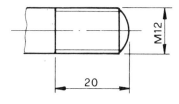

M12

圖❼

1.6.2 螺紋之尺度標註：螺紋之尺度以標註於非圓形之視圖上為原則（圖❽）。

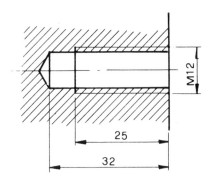

圖❾

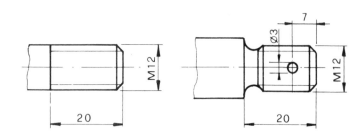

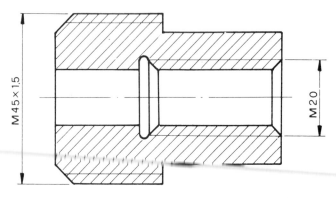

圖❽

132

1.6.3 **螺釘及螺帽表示法**：常用螺釘及螺帽表示法如表2
所示。

名　稱	一般表示法	簡易表示法
六角頭螺釘		
方頭螺釘		
圓頭螺釘		
埋頭螺釘		
六角承窩頭螺釘		
六角螺帽		

表2　常用螺釘及螺帽習用表示法

12.2 名稱：簡易二點透視圖法

一、研究動機：

　　由於一般的透視圖法在作圖的過程中，往往需要將俯視圖及前視圖等相關資料並畫於圖面上，才能作出透視圖（圖(1)），如此不但費時，且所作之透視圖在畫面上的大小、位置，常無法達成理想之構圖。

二、研究目的：

　　研究一簡易且能滿足構圖需要之透視圖法。

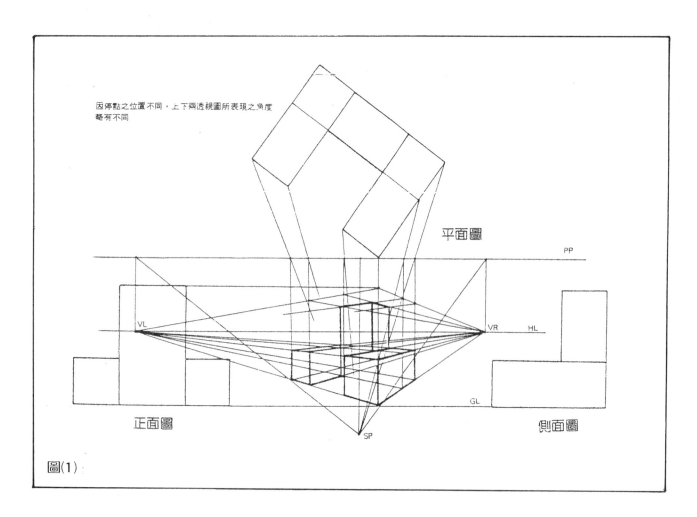

圖(1)

三、研究過程或方式：

(一)收集各種透視圖法之資料。
(二)研究各種透視圖法之原理。
(三)簡化作圖之方法。
(四)檢討。

四、研究結果：

㈠由透視之定義得知：〝透視圖法〞是研究物體如何呈現在畫面上，使它的遠近大小與正常視覺所見〝相類似〞的一門科學。

㈡由二點透視圖法得知，影響透視的因素有：1.物體與畫面的角度。2.視點的高度。 3.視點與物體的位置。4.視點與畫面的距離（圖(2)）。

㈢分析影響透視因素：

1.物體與畫面成角則在水平線上會產生兩個消點（圖(3)）。

2.視點的高度即為水平線之高度。

3.視點與物體之位置不同，影響透視圖之角度（圖(4)）。

4.視點距畫面越遠則兩消點越遠，反之則越近（圖(5)）。

㈣假設有一物體其正投影如圖(6)，綜合以上之分析，其簡易透視圖作法如下（圖(7)～圖(14)）。

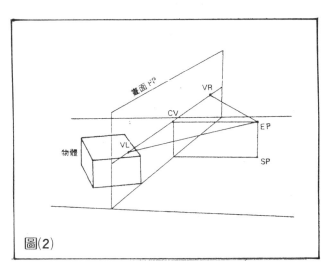

圖(2)

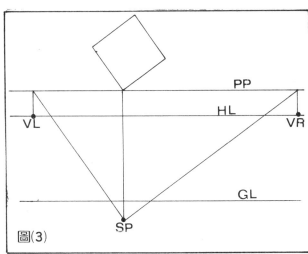

圖(3)

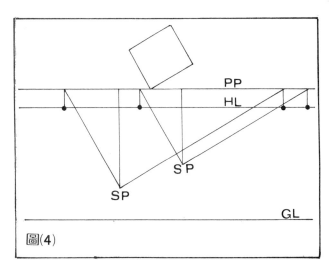

圖(4)

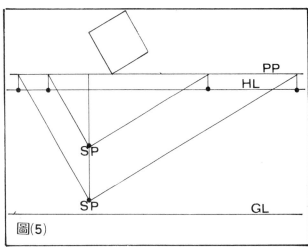

圖(5)

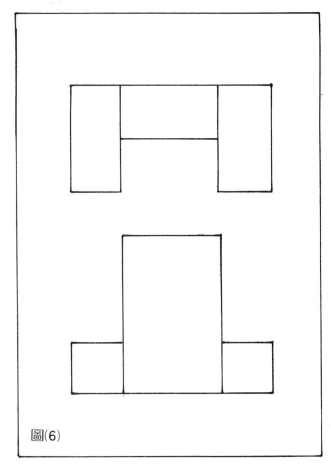

圖(6)

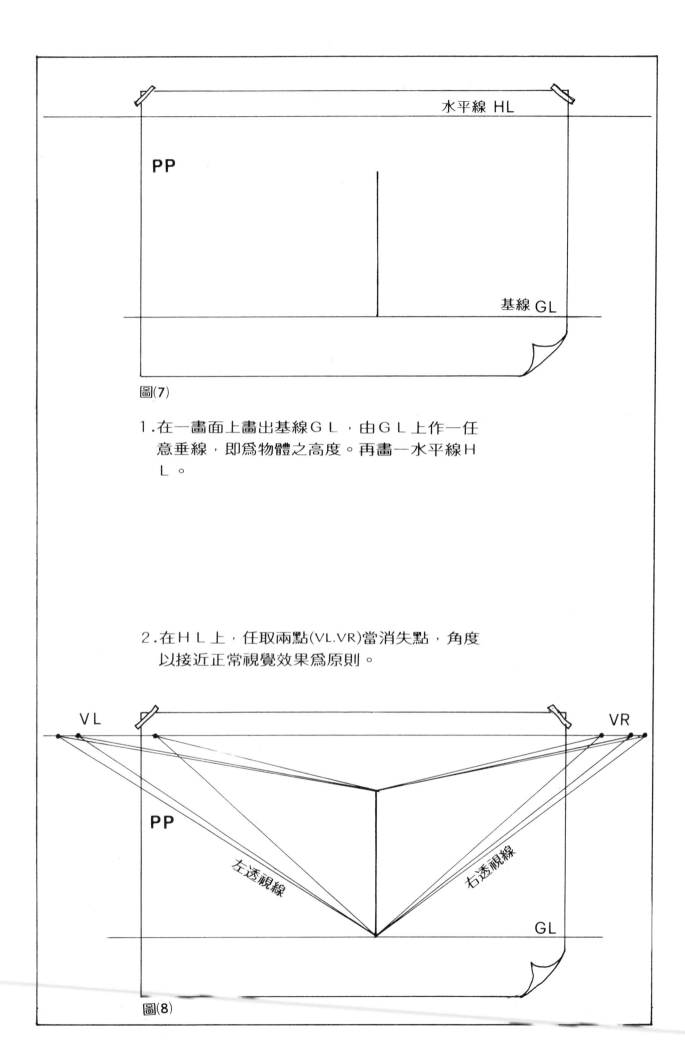

圖(7)

1.在一畫面上畫出基線ＧＬ，由ＧＬ上作一任
　意垂線，即爲物體之高度。再畫一水平線Ｈ
　Ｌ。

2.在ＨＬ上，任取兩點(VL.VR)當消失點，角度
　以接近正常視覺效果爲原則。

圖(8)

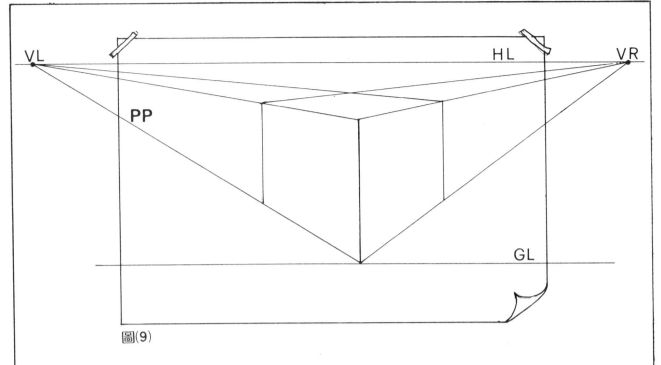

圖(9)

3.在左右兩個透視面上,以視覺判斷,使其成
　爲正方形之透視,並連接使成爲一立方體之
　透視。

4.將高的長度在ＧＬ上,左右各取一段,則其
　爲相同比例之長度。連接３點與3′點交ＨＬ
　上ＭＬ及ＭＲ點,則ＭＬ點ＭＲ點分別爲左
　右兩邊之測點。

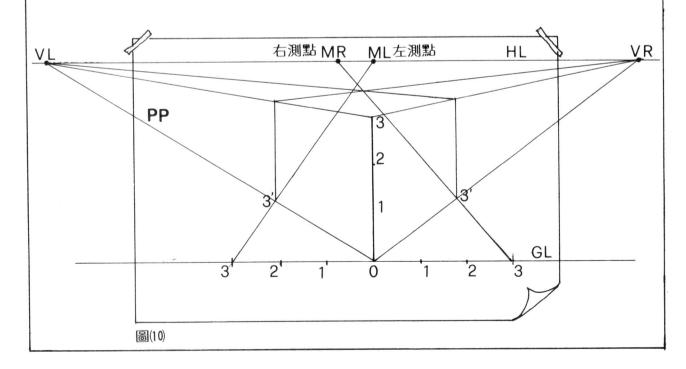

圖(10)

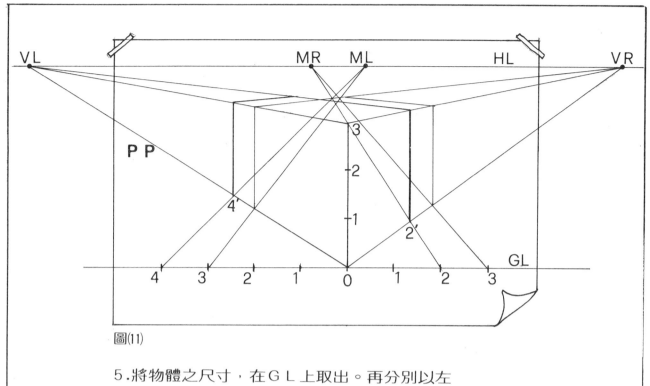

圖(11)

5.將物體之尺寸,在GL上取出。再分別以左
　右測點,測出物體左右之位置。物體之長、
　寬、高,即可求出。

6.依據物體之正投影圖,以測點,測出其內部
　構造之位置。

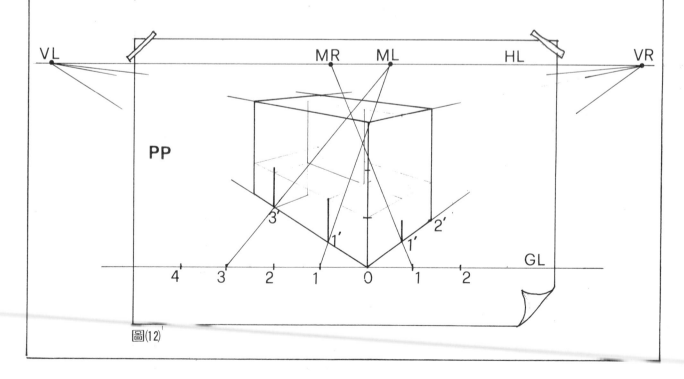

圖(12)

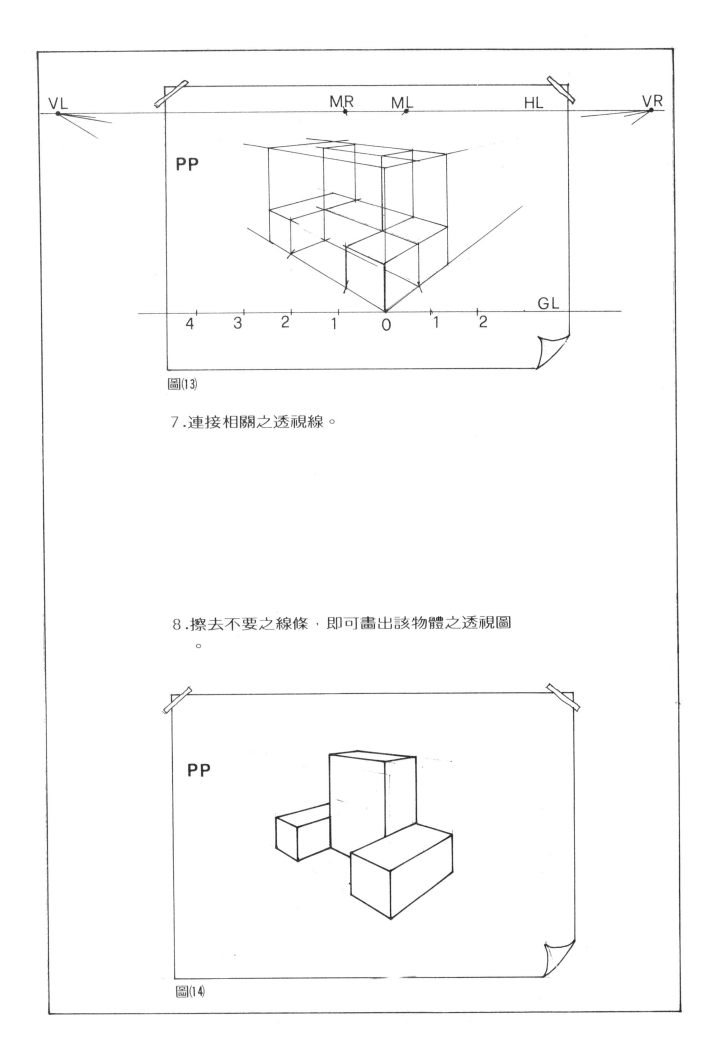

圖(13)

7.連接相關之透視線。

8.擦去不要之線條，即可畫出該物體之透視圖
　。

圖(14)

五、討論：

㈠物體在畫面的大小及位置完全由〝高″來控制（圖(7)）。

㈡消失點的遠近關係到透視的效果，太近，表示視點距畫面太近，透視會變形。（圖(15)）。

㈢圖(9)，立方體之判斷，應儘量接近正常視覺之效果，比較圖(16)(17)(18)，正常之視覺效果應不難判斷。

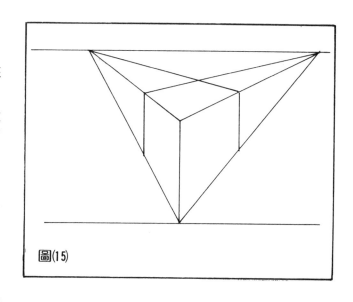

圖(15)

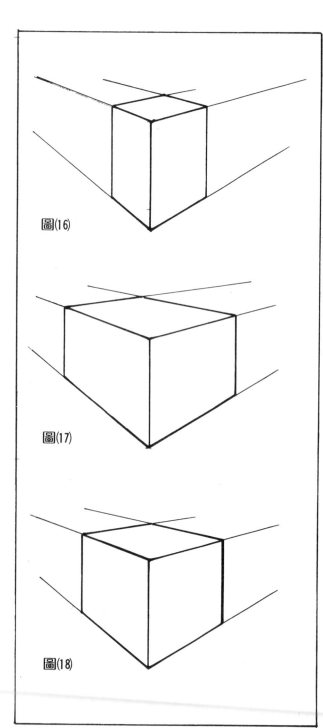

圖(16)

圖(17)

圖(18)

六、結論

根據以上之作圖方法，即可容易的控制透視圖在畫面上的大小及位置，而達成理想構圖之目的。

參考書籍

- BASIC TECHNICAL DRAWING(By Spencer Dygdon)
- TECHNISCHES UND DARSTELLENDES ZEICHNEN
  (Von Wolfgang Kubelka, Realschuldirektor und
  Dipl.-Ing. Bruno Dolezel, Kreisoberbaurat.)
- 工程圖學 （陳大剛 編著）
- 工程畫與圖學 （沈曾圻 譯）
- 展開圖集 （彭邦焏 編著）
- 交線圖集 （劉陳祥 著）
- 中英文美術字體設計 （陳喜榮 編著）

新形象出版圖書目錄

郵撥: 0510716-5　陳偉賢　地址:北縣中和市中和路322號8F之1
TEL: 29207133・29278446　FAX: 29290713

一. 美術設計類

代碼	書名	定價
00001-01	新插畫百科(上)	400
00001-02	新插畫百科(下)	400
00001-04	世界名家包裝設計(大8開)	600
00001-06	世界名家插畫專輯(大8開)	600
00001-09	世界名家兒童插畫(大8開)	650
00001-05	藝術.設計的平面構成	380
00001-10	商業美術設計(平面應用篇)	450
00001-07	包裝結構設計	400
00001-11	廣告視覺媒體設計	400
00001-15	應用美術.設計	400
00001-16	插畫藝術設計	400
00001-18	基礎造型	400
00001-21	商業電腦繪圖設計	500
00001-22	商業攝影造型創作	380
00001-23	插畫彙編(事物篇)	380
00001-24	插畫彙編(交通工具篇)	380
00001-25	插畫彙編(人物篇)	380
00001-28	平面設計基本原理	480
00001-29	C.T.P(電腦排版)設計入門	480
X0001	印刷設計圖案(人物篇)	380
X0002	手繪插畫圖案(動物篇)	380
X0003	圖案設計(花木篇)	350
X0015	裝飾花邊圖案集成	450
X0016	實用聖誕圖案集成	380

二. POP設計

代碼	書名	定價
00002-03	精緻手繪POP字體3	400
00002-04	精緻手繪POP海報4	400
00002-05	精緻手繪POP展示5	400
00002-06	精緻手繪POP應用6	400
00002-07	精緻手繪POP字體8	400
00002-13	精緻手繪POP插圖9	400
00002-14	精緻手繪POP畫典10	400
00002-11	精緻手繪POP個性字11	400
00002-12	精緻手繪POP校園篇12	400
00002-16	手繪POP的理論與實務	400
00002-...	POP廣告 1.理論&實務篇	400
00002-...	POP廣告 2.麥克筆字體篇	400
00002-...	POP廣告 3.手繪創意字篇	400
00002-...	POP廣告 4.手繪POP製作	400
00002-22	POP廣告 5.店頭海報設計	450
00002-21	POP廣告 6.手繪POP字體	400
00002-26	POP廣告 7.手繪海報設計	450
00002-27	POP廣告 8.手繪軟筆字體	400
00002-16	手繪POP的理論與實務	400
00002-17	POP字體篇-POP正體自學1	450
00002-19	POP字體篇-POP個性自學2	450
00002-20	POP字體篇-POP變體字3	450
00002-24	POP字體篇-POP變體字4	450
00002-31	POP字體篇-POP創意自學5	450
00002-23	海報設計 1.POP秘笈-學習	500
00002-25	海報設計 2.POP秘笈-綜合	450
00002-28	海報設計 3.手繪海報	450
00002-29	海報設計 4.精緻海報	500
00002-30	海報設計 5.店頭海報	500
00002-32	海報設計 6.創意海報	450
00002-34	POP高手1-POP字體(變體字)	400
00002-33	POP高手2-POP商業廣告	400
00002-35	POP高手3-POP廣告實例	400
00002-36	POP高手4-POP實務	400
00002-39	POP高手5-POP插畫	400
00002-37	POP高手6-POP校園海報	400
00002-38	POP高手7-POP校園插畫	400

三. 室內設計透視圖

代碼	書名	定價
00003-01	籃白相間裝飾法	450
00003-03	名家室內設計作品專集(8開)	600
00003-05	室內設計製圖實務與圖例	650
00003-05	室內設計基本製圖	650
00003-06	室內設計製圖	350
00003-07	美國最新室內透視圖表現1	500
00003-08	展覽空間規劃	650
00003-09	店面設計入門	550
00003-10	流行店面設計	450
00003-11	流行賣場設計	480
00003-12	居住空間的立體表現	500
00003-13	精緻室內設計	800
00003-14	室內設計製圖實務	450
00003-15	商店透視-麥克筆技法	500
00003-16	室內外空間透視表現法	480
00003-18	室內設計配色手冊	350
00003-21	休閒俱樂部.酒吧與舞台	1,200
00003-22	室內空間設計	500
00003-23	樹園景觀設計	450
00003-24	庭園設計與空間處理(平)	800
00003-25	個性化室內設計精華	500
00003-26	室內設計&空間運用	1,000
00003-27	萬國博覽會&展示會	1,200
00003-33	居家照明設計	950
00003-34	商業照明-創造生動的	1,200
00003-29	商業空間-辦公室.空間傢俱	650
00003-30	商業空間-酒吧.旅館及餐廳	650
00003-31	商業空間-商店.巨型百貨公司	650
00003-35	商業空間-辦公傢俱	700
00003-36	商業空間-精品店	700
00003-37	商業空間-餐廳	700
00003-38	商業空間-店面櫥窗	700
00003-39	室內透視繪製實務	600

四. 圖學

代碼	書名	定價
00004-01	綜合圖學	250
00004-02	製圖與識圖	280
00004-04	基本透視實務技法	400
00004-05	世界名家透視圖全集(大8開)	600

五. 色彩配色

代碼	書名	定價
00005-01	色彩計畫(北星)	350
00005-02	色彩心理學-初學者指南	400
00005-03	色彩與配色(彩色級版)	300
00005-05	配色事典(1)集	330
00005-05	配色事典(2)集	330
00005-07	色彩計畫實用色票集+129a	480

六. SP行銷.企業識別設計

代碼	書名	定價
00006-01	企業識別設計(北星)	450
B0209	企業識別系統	400
00006-02	商業名片(1)-北星	450
00006-03	商業名片(2)-創意設計	450
00006-05	商業名片(3)-創意設計	450
00006-06	最佳商業手冊設計	600
A0198	日本企業識別設計(1)	400
A0199	日本企業識別設計(2)	400

七. 造園景觀

代碼	書名	定價
00007-01	造園景觀設計	1,200
00007-02	現代都市街道景觀設計	1,200
00007-03	都市水景設計之要素與概念	1,500
00007-05	最新歐洲建築外觀	1,000
00007-06	觀光旅館設計	800
00007-07	景觀設計實務	850

八. 繪畫技法

代碼	書名	定價
00008-01	基礎石膏素描	400
00008-02	石膏素描技法專集(大8開)	450
00008-03	繪畫思想與造形理論	350
00008-04	魏斯水彩畫專集	650
00008-05	水彩靜物圖解	400
00008-06	油彩畫技法1	450
00008-07	人物靜物的畫法	450
00008-08	風景表現技法3	450
00008-09	石膏素描技法4	450
00008-10	水彩.粉彩表現技法5	450
00008-11	描繪技法6	350
00008-12	粉彩表現技法7	400
00008-13	繪畫表現技法8	500
00008-14	色鉛筆描繪技法9	400
00008-15	油畫配色精要10	400
00008-16	鉛筆技法11	350
00008-17	基礎油畫12	450
00008-18	世界名家水彩(1)(大8開)	650
00008-20	世界水彩畫家專集(3)(大8開)	650
00008-22	世界名家水彩專集(5)(大8開)	650
00008-23	壓克力畫技法	400
00008-24	不透明水彩技法	400
00008-25	新素描技法解說	350
00008-26	畫鳥.話鳥	450
00008-27	噴畫技法	600
00008-29	人體結構與藝術構成	1,300
00008-30	藝用解剖學(平裝)	350
00008-65	中國畫技法(CD/ROM)	500
00008-32	千嬌百態	450
00008-33	世界名家油畫專集(大8開)	650
00008-34	插畫技法	450

新形象出版圖書目錄

郵撥: 0510716-5　陳偉賢　地址:北縣中和市中和路322號8F之1
TEL: 29207133・29278446　FAX: 29290713

代碼	書名	定價
00001-51	卡片DIY1-3D立體卡片1	450
00001-52	卡片DIY2-3D立體卡片2	450
00001-53	完全DIY手冊1-生活啟室	450
00001-54	完全DIY手冊2-LIFE生活館	280
00001-55	完全DIY手冊3-綠野仙蹤	450
00001-56	完全DIY手冊4-新食器時代	450
00001-60	個性針織DIY	450
00001-61	織布生活DIY	450
00001-62	彩繪藝術DIY	450
00001-63	花藝禮品DIY	450
00001-64	節慶DIY系列1.聖誕饗宴-1	400
00001-65	節慶DIY系列2.聖誕饗宴-2	400
00001-66	節慶DIY系列3.節慶嘉年華	400
00001-67	節慶DIY系列4.節慶道具	400
00001-68	節慶DIY系列5.節慶卡片簿位	400
00001-69	節慶DIY系列6.節慶禮物包	400
00001-70	節慶DIY系列7.節慶佈置	400
00011-75	休閒手工藝系列1.鉤針玩偶	360
00011-81	休閒手工藝系列2.銀編首飾	360
00011-76	親子同樂1.童玩勞作(特價)	280
00011-77	親子同樂2.紙藝勞作(特價)	280
00011-78	親子同樂3.玩偶勞作(特價)	280
00011-79	親子同樂5.自然科學勞作(特價)	280
00011-80	親子同樂4.環保勞作(特價)	280

十二. 幼教

代碼	書名	定價
00012-01	創意的美術教室	450
00012-02	最新兒童繪畫指導	400
00012-04	幼室環境設計	350
00012-05	教具製作與應用	350
00012-06	教室環境設計-人物篇	360
00012-07	教室環境設計-動物篇	360
00012-08	教室環境設計-童話圖案篇	360
00012-09	教室環境設計-創意篇	360
00012-10	教室環境設計-植物篇	360
00012-11	教室環境設計-萬象篇	360

十三. 攝影

代碼	書名	定價
00013-01	世界名家攝影專集(1)-大8開	400
00013-02	繪之影	420
00013-03	世界自然花卉	400

十一. 工藝

代碼	書名	定價
00011-02	籐編工藝	240
00011-04	皮雕藝術技法	400
00011-05	紙的創意世界-紙藝設計	600
00011-07	陶藝娃娃	280
00011-08	木雕技法	300
00011-09	陶藝初階	450
00011-10	小石頭的創意世界(平裝)	380
00011-11	紙黏土1.黏土的遊藝世界	350
00011-16	紙黏土2.黏土的環保世界	350
00011-13	紙雕創作-餐飲篇	450
00011-14	紙雕嘉年華	450
00011-15	紙黏土白皮書	450
00011-17	軟陶風情畫	480
00011-19	談紙神工	450
00011-18	創意生活DIY(1)美勞篇	450
00011-20	創意生活DIY(2)工藝篇	450
00011-21	創意生活DIY(3)風格篇	450
00011-22	創意生活DIY(4)綜合媒材	450
00011-22	創意生活DIY(5)札貨篇	450
00011-23	創意生活DIY(6)巧飾篇	450
00011-26	DIY物語(1)鐵的代誌	400
00011-27	DIY物語(2)鐵的風雲	400
00011-28	DIY物語(3)紙黏土小品	400
00011-29	DIY物語(4)重慶深林	400
00011-30	DIY物語(5)環保超人	400
00011-31	DIY物語(6)機械主義	400
00011-32	紙藝創作1.紙塑娃娃(特價)	299
00011-33	紙藝創作2.簡易紙塑	375
00011-35	巧手DIY1紙黏土生活陶器	280
00011-36	巧手DIY2紙黏土裝飾小品	280
00011-37	巧手DIY3紙黏土裝飾小品 2	280
00011-38	巧手DIY4簡易紙黏土小品	280
00011-39	巧手DIY5藝術紙黏包花A門	280
00011-40	巧手DIY6紙黏土工藝(1)	280
00011-41	巧手DIY7紙黏土工藝(2)	280
00011-42	巧手DIY8紙黏土娃娃(3)	280
00011-43	巧手DIY9紙黏土娃娃(4)	280
00011-44	巧手DIY10-紙黏土小飾物(1)	280
00011-45	巧手DIY11-紙黏土小飾物(2)	280

十. 建築房地產

代碼	書名	定價
00010-01	日本建築及空間設計	1,350
00010-02	建築環境透視圖-運用技巧	650
00010-04	建築模型	550
00010-10	不動產估價師實用法規	450
00010-11	經營寶點-旅館聖經	250
00010-12	不動產經紀人考試法規	590
00010-13	房地41-民法概要	450
00010-14	房地47-不動產經濟法規精要	280
00010-06	美國房地產買賣投資	220
00010-29	實戰3.土地開發實務	360
00010-27	實戰4.不動產估價實務	330
00010-28	實戰5.產品定位實務	330
00010-37	實戰6.建築規劃實務	390
00010-30	實戰7.土地制度分析實務	300
00010-59	實戰8.房地產行銷實務	450
00010-03	實戰9.建築工程管理實務	390
00010-07	實戰10-土地開發實務	400
00010-08	實戰11-財務稅務規劃實務(上)	380
00010-09	實戰12-財務稅務規劃實務(下)	400
00010-20	寫實建築表現技法	600
00010-39	科技產物環境噪音與振動	300
00010-41	建築物噪音與振動	600
00010-42	建築資料文獻目錄	450
00010-46	建築圖解-接待中心.樣品屋	350
00010-54	房地產市場景氣發展	480
00010-63	當代建築	350
00010-64	中美洲樂園單員里斯	350

代碼	書名	定價
00009-16	被遺忘的心形象	150
00009-18	綜藝形象100序	150
00006-04	名家創意系列1-識別設計	1,200
00009-20	名家創意系列2-包裝設計	800
00009-21	名家創意系列3-海報設計	800
00009-22	創意設計-啟發創意的平面	850
Z0905	C1視覺設計(信封名片設計)	350
Z0906	C1視覺設計(DM廣告篇)	350
Z0907	C1視覺設計(包裝點線面1)	350
Z0909	C1視覺設計(企業名片卡)	350
Z0910	C1視覺設計(月曆PR設計)	350

代碼	書名	定價
00008-37	彩色鉛筆技法	450
00008-38	實用繪畫範本	450
00008-39	油畫基礎畫法	450
00008-40	用粉彩來描繪個性	550
00008-41	水彩拼貼技法大全	650
00008-42	人體之美實體素描技法	400
00008-44	噴畫的世界	500
00008-45	水彩技法圖解	450
00008-46	技法1.鉛筆畫技法	350
00008-47	技法2-粉彩畫筆技法	450
00008-48	技法3-沾水筆.彩色墨水技法	450
00008-49	技法4-野生植物畫法	400
00008-50	技法5-油畫質感	450
00008-57	技法6-陶藝教室	400
00008-59	技法7-陶瓷彩繪的裝飾技巧	450
00008-51	如何引導觀賞者的視線	450
00008-52	人體素描-裸女骨骼的姿勢	400
00008-53	大師的油畫祕訣	750
00008-54	創造性的人物速寫技法	600
00008-55	壓克力膠彩全技法	450
00008-56	畫彩百科	500
00008-58	繪畫技法與構成	450
00008-60	繪畫藝術	450
00008-61	新麥克筆的世界	660
00008-62	美少女生活插畫集	450
00008-63	軍事插畫集	500
00008-64	技法6-陶瓷專門技法	400
00008-66	精細素描	300
00008-67	手槍與軍事	350

九. 廣告設計.企劃

代碼	書名	定價
00009-02	C1與售房	400
00009-03	企業識別設計與製作	400
00009-04	商標與CI	400
00009-05	實用廣告學	300
00009-11	1-美工設計完稿技法	300
00009-12	2-商業廣告印刷設計	450
00009-13	3-包裝設計典時面	450
00001-14	4-展示設計(北星)	450
00009-15	5-包裝設計	450
00009-14	C1視覺設計(文字媒體運用)	450

新形象出版圖書目錄

郵撥:0510716-5　　陳偉賢　　地址:235新北市中和區中和路322號8樓之1
TEL: (02)2920-7133　　(02)2921-9004　　FAX: (02)2922-5640

製圖與識圖

出 版 者：新形象出版事業有限公司
負 責 人：陳偉賢
地 　　址：235新北市中和區中和路322號8樓之1
電 　　話：(02) 2920-7133　　(02) 2921-9004
F A X：(02) 2922-5640
編 著 者：李寬和
美 術 設 計：吳銘書
美 術 企 劃：劉芷芸、張麗琦、林東海
總 代 理：北星文化事業有限公司
地 　　址：234新北市永和區中正路456號B1樓
電 　　話：(02) 2922-9000
F A X：(02) 2922-9041
網 　　址：www.nsbooks.com.tw
郵 　　撥：50042987北星文化事業有限公司帳戶
印 刷 所：弘盛彩色印刷股份有限公司
製 版 所：鴻順印刷文化事業股份有限公司

行政院新聞局出版事業登記證／局版台業字第3928號
經濟部公司執照／76建三辛字第214743號
■本書如有裝訂錯誤破損缺頁請寄回退換
西元2011年9月

國家圖書館出版品預行編目資料

製圖與識圖／李寬和編著。--第2版。--〔新北
市〕中和區：新形象，民82印刷
　　面：　公分。

ISBN 957-8548-34-6(平裝)

1.工程畫　2.圖學

440.8　　　　　　　　　　　82003765